心理学与生活

马丽婷 编著

北方妇女儿童出版社
·长春·

图书在版编目（CIP）数据

心理学与生活 / 马丽婷编著 . -- 长春 : 北方妇女儿童出版社 , 2019.4（2022 .1 重印）

ISBN 978-7-5585-3281-8

Ⅰ . ①心… Ⅱ . ①马… Ⅲ . ①心理学 – 通俗读物 Ⅳ . ① B84-49

中国版本图书馆 CIP 数据核字 (2018) 第 292694 号

心理学与生活

XINLIXUE YU SHENGHUO

策 划 人　师晓晖
责任编辑　关　巍
排版制作　尚唐一品
开　　本　880mm × 1230mm　1 / 32
印　　张　5
字　　数　120 千字
版　　次　2019 年 4 月第 1 版
印　　次　2022 年 1 月第 4 次印刷
印　　刷　阳信龙跃印务有限公司
出　　版　北方妇女儿童出版社
发　　行　北方妇女儿童出版社
地　　址　长春市福祉大路 5788 号
电　　话　总编办：0431-81629600
　　　　　发行科：0431-81629633

定　　价　29.80 元

前言

作为一门基础性科学，心理学被广泛应用到社会的各个领域，并得到普遍认可。经过不断地丰富和发展，心理学的实际应用也得到了普遍推广。心理学也许是现代生活中人们最广泛涉及的主题，因为，有人的地方就会有心理学，人的生活与心理学息息相关，人的一切活动都是由人的心理与行为支撑着的，人们的衣食住行、为人处世都离不开心理学。所以，找到一本实用、具备参考价值而不会太深奥复杂的心理学专辑应用到生活中，具有非常重要的意义。

本书从人性的根本需要出发，让读者洞察真正的自己，品读人心，并学会理解人和人之间的冲突和差异。它是一本深入浅出、优秀的社会心理学应用书籍，是研究心理学的重要基础教材，是将心理学应用到生活中的重要参考用书。

这里有改变千万人命运最简单、最实用、最有效的心灵法则，有众多心理学专家对各种心理现象的专业解读和细致讲解，本书将心理学的诸多研究成果应用到我们的实际生活当中，了解自己，探索自己，揭开心理学的面纱，找到自己撬起世界的支点，探索生活与自己心灵的对话，活出真正的自己，享受美好的人生。

本书精心安排结构，分为社会心理学、人格心理学、成功心理学和认知心理学等，几大方面一起构成了现代心理学的基础框架。选取了心理学现象的几个重要研究课题，从理论和实际的角度对其加以分析，将其应用到社会生活中。

本书深入浅出，选取适用大众读者的语言和视角，对心理学进行解析和梳理，清晰而生动地阐释这门通达美好生活的科学。本书适用面广，对大众读者都有裨益，旨在帮助人们了解自我、认识内心，同时实现生命的价值。

目录

◎ 心理学与群体

◎ 心理学与口才

◎ 心理学与管理

◎ 心理学与成功

心理学与群体

人是社会的组成部分，在社会中扮演着重要角色。个体和社会的关系决定个体的能量和作用，这些在心理学方面也能体现出来。

个人在群体中的位置感

找准自己的位置

小美从医学专业毕业后，遵从惯例，她需要先到医院里做见习医生，然后再慢慢地熬日子。其实小美在大学读书期间就已经在医院里实习了一年，她几乎在所有的部门都待过，那时她才发现自己并不喜欢那样的生活。医院里的等级制度特别厉害，老医生都忙着升职，年轻医生忙着看病人，所有的人都忙忙碌碌。年轻医生每天接待上百名病人，表情都变得麻木，更别提什么热情了。

每天面对着痛苦呻吟的患者，小美感觉生活黯淡无光、了无生趣，她不敢想象自己一辈子都要过这种生活。她的想法就是做一个医药代表，她对自己很有信心，认为自己担任医药代表根本就是小菜一碟。可是却到处碰壁，投出去的无数简历都石沉大海。即使有公司通知她去面试，最后也是不了了之。父母认为她好高骛远，看不起眼前的工作，却又找不到想要的。小美非常沮丧，她在心里不停地问自己："我真的好高骛远吗？"

很多大学毕业生在求职过程中都会碰到小美这样的

情况，他们往往不能正确地认识自我，不清楚理想和现实之间的距离，一味地按照自己的心意去找工作，导致求职失败。其实，很多大学毕业生，特别是一些名校的大学毕业生，他们把自己的就业前景想得过于美好，往往忽略了自己缺乏实际经验的事实。

比如有些刚刚从工商管理专业毕业的大学生，求职意愿就是做项目经理，这些学生就是过高地估计了自己。按照常理，这样的职位至少需要五年以上的工作经验，它是不可能让一个毫无工作经验的刚刚走出大学校门的大学生来担任的。

无论你能力多高，用人单位都会让你从基层做起，如果你表现出色，再慢慢提升。可是有些大学生往往希望在一开始就担任重要的职位，让他们从基层做起，他们就觉得前途渺茫。由于部分大学生不能正确地认识自己，不能调和理想和现实之间的矛盾，所以求职往往遭遇失败。

而为了能够找到更好的工作，很多年轻人不断地充电、学习。小蕊本科专业学的是中文，鉴于当时工作不太好找，她把目光瞄上了考研。不幸的是，三年之后，研究生已经遍地开花，对于小蕊来说找工作更是难上加难。因为学历，差一点的工作她看不上，而好一点的工作又看不上她。为此，她郁闷不已，甚至后悔读研。她觉得自己若是本科生就能够放下身份，但现在是研究生了，就应该从事一份相称的像样的工作。

事实上，像小蕊这样的求职者不在少数。而他们也不是找不到工作，只是高不成低不就。如同女孩子择偶，条件差的她看不上，条件好的看不上她，合适的似乎少之又少。其实，在求职的过程中，如果能够放低姿态，正视现实，合适的工作并不难找。

在实际求职过程中，我们应该怎样来避免高不成低不就的心理呢？

（1）清楚自己的优势和劣势。大学生的明显优势就是可塑性强，以后有很大的潜力可以挖掘，但是他们的最大劣势就是缺乏实际经验，容易眼高手低。在找工作时一定要搞清楚：我有什么优点，应聘单位需要什么样的人才。只有这两者相互吻合时，你的求职才有可能成功。

（2）不要好高骛远。在求职时，很多人往往盯着那些大公司和大企业，不把一般的单位放在眼里，最后好的工作没找上，一般的工作也错过了机会，落了个两手空空。找工作时，你可以向最好处努力，但一定要兼顾一般的工作岗位，这样你求职成功的概率就会提高。

心经点拨

理想和现实是有一定差距的，先在社会中寻找自己的位置，放低姿态，正视现实才能让自己发挥最大的作用。

多为自己准备一条路

多为自己准备一条路、脚踏两只船的做法，多少都会让人觉得不齿。确实，如果运用到情感问题中，这种做法很不明智，到最后必定是竹篮打水一场空。但如果将其运用到生存上，却不失为一大方略。漫长而多舛的人生中，谁也不知道在前方等待我们的是什么，所以，为自己预留后路是聪明人的做法。

管仲与鲍叔牙以及召忽三人很要好，决心在事业上互相合作。他们曾经一起做过生意，但他们更想合作治理齐国。

当时齐王有两个儿子，一个叫纠，一个叫小白。召忽认为公子纠是长子，一定能继承王位，因此对管仲和鲍叔牙说："对齐国来说，我们三人就像大鼎的三条腿，缺一不可。既然公子小白不能继承王位，干脆我们三人一同辅佐公子纠吧。"管仲说："这样等于吊死在一棵树上。万一公子纠没继位，我们不是都完了。国中的百姓都不喜欢公子纠的母亲和公子纠本人。公子小白自幼丧母，人们必定可怜他。究竟谁继承王位还很难说。将来统治齐国的肯定是这两个人中的一个，不如由一个人侍奉公子小白。这样，不管哪一个当了齐王，我们当中都有功臣，可以相互照顾，进退有路，左右逢源。"于是他们决定由鲍叔牙去辅佐公子小白，由管仲和召忽辅佐公子纠。

后来，管仲射杀小白，鲍叔牙叫小白装死。管仲以为小白已死，从容地陪公子纠回国继位。不料公子小白已先回国当了国君，成为齐桓公，鲍叔牙成了功臣，管仲和召忽成了罪人。但鲍叔牙并没有忘记旧情，他立刻在齐桓公面前说情。再加上管仲素有贤名，齐桓公不但没杀他，反而让他当了宰相，协助自己干出一番霸主的事业。管仲的过人之处在于他能够全面客观地分析和考虑问题。如果当时管仲三人全都辅佐公子纠，一旦公子小白掌权，他们三人就都没命了。在波谲云诡的政治舞台上绝不能将所有“赌注”押到一处。

管仲“脚踏两只船”的聪明做法给我们带来深刻的启迪：凡事不可做绝，“留有余地”实际上是给自己留条后路；看问题也不能只看到眼前顺利的局面，却看不到可能造成的不利后果，一厢情愿地去处理问题，而要做到“有备无患”“防患于未然”。

同时，“脚踏两只船”还体现在身处两方之间，不能明确地投靠其中一方，以防得罪另外一方而遭其报复，故两边讨好，两处得益。

1968 年，美国总统大选期间，基辛格给尼克松的竞选团队打了一个电话，明确表示他可以向尼克松阵营提供宝贵的内部情报。尼克松团队非常惊喜，表示一旦竞选成功，内阁中的一个位置就是基辛格的。

与此同时，基辛格也向民主党候选人韩福瑞表示了他的这种意愿，韩福瑞要求他提供尼克松那边的内部消息，基辛格就把尼克松的一切和盘托出了。

其实他真正想要的就是内阁的一个位置，而尼克松和韩福瑞都答应给他这个位置，不管谁赢了大选，基辛格都将从中获利。

最后，胜利者是尼克松，基辛格顺利地当上了内阁官员，但他仍然小心翼翼地与尼克松保持一定的距离。当福特上台时，原来与尼克松非常亲密的人都被迫下台了，而基辛格又成为福特的官员。因为与尼克松保持了适当的距离，他很幸运没有下台，继续在动荡的年代里叱咤风云。

官场从来都如此，运用此招，便可游刃有余，久立不倒。在险恶的世情中，要想长久地生存，甚至屹立不倒，自然需要有一些异于常人的“撒手锏”。“脚踏两只船”，时刻保证自己有所得，便是一项不易修炼的绝活。

心经点拨

俗语云“狡兔三窟”，所以人也要为自己多做准备，预留后路，不要在一棵树上吊死。危难突然降临的时候，才能给自己找到一个回旋的余地。

近因效应与其作用

美国心理学专家洛钦斯用编撰的两段文字作为实验材料进行研究。他编撰的文字材料主要是描写一个名叫钱德勒的男孩的生活片段，第一段文字将钱德勒描写成热情、外向的人；另一段文字则相反，把他描写成冷淡而内向的人。在实验中，洛钦斯把两段文字加以组合：第一组，描写钱德勒热情外向的文字先出现，冷淡内向的文字后出现；第二组，描写钱德勒冷淡内向的文字先出现，热情外向的文字后出现；第三组，只显示描写钱德勒热情外向的文字；第四组，只显示描写钱德勒冷淡内向的文字。

洛钦斯让四组被试者分别阅读一组文字材料，然后回答一个问题："钱德勒是一个什么样的人？"结果发现，第一组被试者中有78%的人认为钱德勒是热情外向的，第二组中只有18%的被试者认为钱德勒是热情外向的，第三组中认为钱德勒是热情外向的有95%，第四组只有3%的被试者认为钱德勒是热情外向的。

这项研究结果证明，信息呈现的顺序会对社会认知产生影响，先呈现的信息比后呈现的信息有更大的影响作用。但是，洛钦斯进一步的研究发现，如果对被试者阅读两段文字的方式进行改变，就是在被试者阅读了一段文字之后，不是马上阅读另一段文字，而是让这些被试者进行一些其他活动，如做数学题、听故事、参加体育竞赛等，之后再阅读第二段文字，然后再回答"钱德勒是一个什么样的人"这个问题。结果发现，实验结果与前述实验正好相反，这时对被试者进行的对钱德勒性格的评价起决定作用的已不是最先阅读的那段材料，而是最后阅读的那段材料。

大部分被试者会根据活动最后得到的信息，也就是最后阅读的那段文字材料的信息对钱德勒进行判断。也就是说，最近获得的信息对他们的社会知觉起到了更大的影响作用，这个现象就叫作“近因效应”。

所谓“近因效应”，与我们所熟知的“首因效应”相反，是指在多种刺激出现的时候，印象的形成主要取决于后来出现的刺激，即交往过程中，我们对他人最近、最新的认识占了主体地位，掩盖了以往形成的对他人的评价，因此，也称为“新颖效应”。

多年不见的朋友，在自己脑海中的印象最深的，其实就是临别时的情景；一个朋友总是让你生气，可是谈起生气的原因，大概只能说上两三条，这也是一种近因效应的表现。在学习和人际交往中，这两种现象很常见。

心理学的研究还表明，在人与人的交往中，交往的初期，即在还生疏的阶段，首因效应的影响更重要；而在交往的后期，就是在彼此已经相当熟悉的时期，近因效应的影响会同样重要。现实生活中，近因效应的心理现象相当普遍。

杰克与汉森从小时候起就是好朋友，彼此都非常了解。可是最近一段时间杰克因家中闹矛盾，心情十分不快，有时汉森与他说话，他动不动就发火。过了不久因为一个偶然因素的影响，杰克卷入了一宗盗窃案。汉森认为杰克过去一直在欺骗自己，于是与他断绝了关系。其实这就是近因效应在起副作用。

朋友之间的负性近因效应，大多产生于交往中遇到与愿望相违背、愿望不遂的情况，或感到自己受了委屈、善意被误解时，其情绪多为激情状态。在激情状态下，人们对自身行为的控制能力，和对周围事物的理解能力，都会有一定程度的降低，容易说错话、做错事，产生不良后果。因此，遇事须多加忍让，防止激化，待心平气和时，再彼此理论，明辨是非。

有一句俗话："你的朋友对你如何，不是决定于你请他吃了多少次饭，而是取决于你请他吃的最后一顿饭菜的质量。"在印象形成的过程中，当不断有足够引人注意的新信息，或者原来的印象已经淡忘时，新近获得的信息的作用就会较大，就会发生近因效应。

一般来讲，外向、心理上开放、灵活的人容易受近因效应的影响；而内向、心理上保持高度一致、具有稳定倾向的人，更容易受首因效应的影响。

随着时间的流逝，前面发生的事容易被最近发生的事湮没，这是一种心理误区，它使我们做出了与客观事物不完全一致的判断。尽管这种心理定式并非一种客观全面的评价，却是大多数人都存在的心理现象。我们应认识它，并要善于利用它。人脉是需要精心呵护的，不要奢望一劳永逸，随着时间的流逝，以前的好印象会逐渐变淡。

给别人一巴掌之后赶紧给他揉一揉的做法，能使他忘记前面的一巴掌之痛。

你可以批评别人，但结束语要妥帖，安慰几句就能给别人一个好的印象。

心经点拨

在社会群体中，社会个体相互之间的接触在一定程度上会受到近因效应的影响。

三人行必有我师

即使你是一匹能够日行千里的好马，有时也必须依赖识途老马才能找到出路。

托马斯·杰斐逊是美国第三任总统，他也许不如乔治·华盛顿和亚伯拉罕·林肯那样有名，但哈佛的学生全都读过由他起草的《独立宣言》。虽然杰斐逊是两百多年前的人物，但许多哈佛学生认为，从他身上仍可以学到许多有用的东西。

“每个人都是你的老师。”这是杰斐逊最著名的一句名言。

1743年，杰斐逊出生在一个富裕的家庭。他父亲是军中的一名上将，母亲则出身于名门世家。不论是从家世背景还是从受教育程度来看，他都属于社会的上层人士。当时的贵族对一般民众除了发号施令之外，很少与民众交谈。但杰斐逊却不管这一套，他和家中的园丁、用人、餐厅里的服务生都能轻松愉快地交谈。

能使人轻松愉快地和你交谈绝对是一门高深的学问，千万别低估它的价值。有一次，杰斐逊对法国伟人拉法叶特说：“你必须像我一样到普通民众的家里去坐一坐，看一看他们的菜碗，尝一尝他们吃的面包。只有这样做了，你才能理解他们不满的原因，并且懂得正在酝酿的法国革命包含的深刻意义。”

在哈佛大学这个人文荟萃之地，每一个人身上都有一些值得别人一学的地方。因此，杰斐逊“向每个人学习”的论点是颇受哈佛师生推崇的。

一位哈佛大学的教授指出：“杰弗逊总统的勇气和理想主义是建筑在知识之上的。”在他生活的时代里，他知道的几乎比任何人都多。据说他在年轻时就能解释太阳和星球的运动，并能绘制房屋设计图、训练马匹、拉小提琴等。

杰斐逊有着无穷的潜力和精力，他进行过创造发明的研究，写过书，发表过新的见解并开创了多个领域中的人类活动的新纪元。他还是一位农业专家、考古学家和医学家。他用来试验作物的轮种法和土地肥沃保护法，比美国社会正式推行早了整整一个世纪。他还发明了一架比当时更为先进且完善的犁具。他影响了整个美国的建筑业。他经常会制造出一些能方便人们日常生活的设备。人们对他发明的许多小机器都如数家珍：如一架能誊写重要文件的机器、一个能同时标示室内和户外气温的温度计、一张圆转桌和许多其他东西。

1796 年，杰斐逊成了美国哲学界的领袖，这对创立注重自由和进步的美国哲学流派提供了很大帮助。这一流派里包括了好几位伟人：一位是著名作家汤姆斯·潘恩，另一位是本杰明·拉什博士，他对心理学做出了杰出的贡献，还有一位是发现氧的约瑟·普里斯特利。他们这些人一致公认杰斐逊是他们的领袖，因为他对他们研究的范围都很精通。

熟悉他的人写道：“杰斐逊外表看来似乎不像总统，倒更像是一位哲学家，他爱好质朴的哲学。在他参加宣誓就任总统的典礼时，他独自骑马前去，自己把马拴在栏杆上，然后再去参加典礼。他痛恨‘阁下’这一称呼，而坚持让人叫他杰斐逊先生。他的身高有七英尺，体格十分强壮，但他的衣服好像总是小了很多。他随意地坐在朋友们中间，脸上带着开朗的笑容，整个人就是一副轻松闲适的样子。人们常说，无论他走到哪里，就会把那种不拘于礼节的作风带到哪里。”

这位表面上看上去“丢三落四”的哲学家，实际上过着一种非常有规律的生活：他在起床后，早饭前通常会写点什么或看点什么；早饭后再看一个小时的书；工作一天后，他还要熬夜看拉丁文、希腊文、法文、西班牙文、意大利文和古英语作品。在所有看过的书上，他都仔细地加上注释。

在杰斐逊所有的才能中，有一样是最主要的，即他的写作才能绝不逊于任何一位优秀的作家。他的著作共有五十多卷，已再版多次。当1776年在费城需要起草《独立宣言》时，他的写作天赋很快就被发现，担负起草《独立宣言》这一重任。一直以来，千百万人为他的话语所振奋着。毫无疑问，杰斐逊渊博的知识和他谦虚的好学精神是分不开的。

倘若你正着手打造自己的事业，不妨看看以下这个对创业者有所启发的故事：

一群海盗藏匿在轮船上，盯上了一对父子随身携带的一个珠宝箱。

“干脆把他们杀掉，然后平分珠宝吧！”

那位父亲碰巧听到了海盗们的对话，一声不吭地转身回了船舱。

不一会儿，海盗们看见这对父子从房间里扭打着走出来，两人争夺的正是那个放满珠宝的箱子。

“你这个老头，到底想干什么啊？”儿子用力争夺，想拿回珠宝箱。

“我什么也不会留给你的，你这个败家子！”老人大声叫嚷着，手臂上因为使劲儿冒出了青筋。

“砰”的一声，箱子掉落在甲板上，那位父亲抢先把箱子拿起来，用力一甩，将箱子抛入海底。

“老头！除了教训我，你从来没说过一句有价值的话！”儿子颓然地看着沉入海底的珠宝箱失望地说道。

看着珠宝箱沉入大海，海盗们遗憾地离开了。

后来父亲把海盗的阴谋告诉儿子，儿子才明白了父亲的用心良苦。

父亲对儿子说：“孩子，人的性命比财富重要，必要时要懂得舍弃！”

很多人和故事中的儿子一样，总认为上一辈的人除了会教训自己之外，说的都是没有任何价值的废话，跟不上时代潮流。在商场上，前辈的想法也许缺乏创意，但你可不能小看他们，因为他们拥有丰富的经验，光是失败的经历就能让你获益匪浅，少走许多冤枉路！也许他们不懂计算机、不了解新科技，但他们知道商场上各种人物的心理，对人性了解透彻，凭这一点，就有资格让你向他们学习。不要对商场上的前辈不屑一顾，即使你是一匹能够日行千里的好马，有时也必须依赖识途老马才能找到出路。

生活上亦然。不妨将每个人都当成自己的老师，虚心求教。倘若你能在路口就知道这是条死胡同，又何必一定要自己花时间再去里面转一圈呢？

心经点拨

孔子说过：“三人行则必有我师焉。”放下虚荣心和面子，从身边的人们身上发现长处并学习他们的宝贵经验，你就可以很快成长。

开阔胸怀

法国十九世纪的文学大师维克多·雨果曾说过这样的一句话：“世界上最宽阔的是海洋，比海洋宽阔的是天空，比天空更宽阔的是人的胸怀。”雨果的话很浪漫，也不无现实启示。

相传古代有位老禅师，一日夜晚在禅院里散步，突见墙角边有一张椅子，他一看便知有位出家人违反寺规翻墙出去溜达了。老禅师也不声张，走到墙边，移开椅子，就地而蹲。少顷，果真有一小和尚翻墙，黑暗中踩着老禅师的背脊跳进了院子。当他双脚着地时，才发觉刚才踏的不是椅子，而是自己的师傅。小和尚顿时惊慌失措、张口结舌。但出乎小和尚意料的是师傅并没有厉声责备他，只是以平静的语调说：“夜深天凉，快去多穿一件衣服。”

老禅师宽容了他的弟子。他知道，宽容是一种无声的教育。

在日常生活中，当“对手”出于内心的丑恶在你背后说坏话、做坏事时，此时你想伺机报复，还是宽容？当你亲密无间的朋友有意或无意做了令你伤心的事情时，此时你想从此绝交，还是宽容？冷静地想一想，还是宽容为上。这样于人于己都有好处。

有人说宽容是软弱的象征，其实不然，有软弱之嫌的宽容根本称不上真正的宽容。宽容是人生难得的佳境——一种需要操练、需要修行才能达到的境界。

心理学家指出：适度的宽容，对于改善人际关系和身心健康都是有益的。这种宽容，指的是对于子女或别人在生活、工作、学习中的过失和过错采取适当的“羞辱政策”，有效地防止事态扩大加剧矛盾，避免产生严重后果。大量事实证明，不会宽容别人，亦会殃及自身。过于苛求别人或苛求自己的人，必定处于紧张的心理状态之中。由于内心的矛盾冲突或情绪危机难以得到解脱，极易导致机体内分泌功能失调，诸如肾上腺素、去甲肾上腺素过量分泌，引起体内一系列生理化学改变，导致血压升高、心跳加快、消化液分泌减少、胃肠功能紊乱等，并可伴有头昏脑涨、失眠多梦、乏力倦怠、食欲不振、心烦意乱等症候。

紧张心理的刺激会影响内分泌功能，而内分泌功能的改变又会反过来增加人的紧张心理，形成恶性循环，贻害身心健康。有的过激者甚至失去理智从而酿成祸端，造成严重后果。一旦宽恕别人，心理上便会经历一次巨大的转变和净化过程，使人际关系出现新的转机，诸多忧愁烦闷可得以避免或消除。

心经点拨

胸怀宽广才能包容天下。作为社会的成员，只有宽广的胸怀才能包容别人，包容自己。

人际关系

睡眠效应对人际交往的启示

睡眠效应，是心理学上的一个概念，它指的是最初的印象会随着时间的流逝而变化。也就是说，一开始认为很好到后来可能认为不怎么样，或者起初认为没有什么好处的坏印象也可能由于时间的流逝而消失，继而产生好印象。

一个人因为一件小事和邻居争吵起来，争论得面红耳赤，谁也不肯让谁。最后，那人气呼呼地跑去找牧师——牧师是当地最有智慧、最公道的人。

"牧师，您来帮我评评理吧！我那邻居简直是一堆狗屎，他竟然……"那个人怨气冲冲，一见到牧师就开始了他的抱怨和指责，正要大肆指责邻居的不对时被牧师打断了。

牧师说："对不起，正巧我现在有事，麻烦你先回去，明天再说吧。"

第二天一大早，那人又愤愤不平地来了，不过，显然没有昨天那么生气了。"今天，您一定要帮我评出个是非对错，那个人简直是……”他又开始数落起别人的劣行。

牧师不紧不慢地说：“你的怒气还是没有消除，等你心平气和后再说吧！正好我的事情还没有办好。”

一连好几天，那个人都没有来找牧师了。牧师在前往布道的路上遇到了那个人，他正在农田里忙碌着，他的心情显然平静了许多。

牧师问道：“现在，你还需要我来评理吗？”说完，微笑地看着对方。

那个人羞愧地笑了笑，说：“我已经心平气和了，现在想来也不是什么大事，不值得生气。”

牧师仍然不紧不慢地说：“这就对了，我不急于和你说这件事情就是想给你时间消消气啊！记住，不要在气头上说话或行动。”

这位牧师处理邻里纠纷所运用的是心理学中的“睡眠效应”。在西方国家，邮递销售或上门销售中有这样一项保护消费者的制度，即消费者在合同订立后的一定期限内，无条件地解除合同要求退货而无须承担任何费用和违约责任。这个制度被称为“冷却制”（cooling off）。这里的“cooling”是指从一开始认为“很好”到后来可能认为不怎么样的这段冷却期。反过来，起初认为“没有什么好处”的坏印象也可能由于时间的流逝而消失，继而产生好印象。心理学称这种现象为“睡眠效应”。心理学家托尔曼指出：最初的印象会随着时间的流逝而变化。

与以上的例子类似，美国前总统杰斐逊告诉我们一个有效的冷却“怒火”的方法：生气的时候，开口前先数到10，如果非常愤怒，先数到100。

另外还有一个经典的“睡眠效应”的故事：

在西藏，曾有个叫爱地巴的人，每次在生气和人起争执的时候，就以很快的速度跑回家去，绕着自己的房子和土地跑三圈，然后坐在田边喘气。

爱地巴工作非常勤劳努力，他的房子越来越大，土地也越来越广。但不管房地有多广大，只要与人争论生气的时候，他就会绕着房子和土地跑三圈。

有一次，他拄着拐杖跑到太阳已经下山了还要坚持，他的孙子担心他就在后面跟着。后来，他的孙子在身边恳求他：“爷爷，您这么大年纪了，这附近也没有其他人的土地比您的更广，您不能再像从前，一生气就绕着土地跑了。还有，您可不可以告诉我您一生气就要绕着土地跑三圈的秘密？”

爱地巴终于说出了隐藏在心里多年的秘密，他说：“年轻的时候，我一和人吵架、争论、生气，就绕着房地跑三圈，边跑边想自己的房子这么小，土地这么少，哪有时间去和人生气呢？一想到这里，气就消了，于是全身心地努力工作。”

孙子问道：“阿公，您年老了，又变成最富有的人，为什么还要绕着房地跑呢？”

爱地巴笑着说：“我现在还是会生气，生气时就绕着房地跑三圈，边跑边想自己的房子这么大，土地这么多，又何必和人计较呢？一想到这里，气就消了。”

如果说实践是检验真理的唯一标准，那可以说时间也是检验感情的唯一标准。对于拿不准的感情，冷却一下，然后静观其变。是你的，终究还是你的；不是你的，强求也枉然。

当谈判陷入僵局即将破裂时，提出“先吃午饭，吃完后再做决定吧”，让双方有一段冷静思考的时间。

在人际交往时，对朋友不但要“听其言”，还要通过一段时间去“观其行”，才能敞开自己的心扉。记住，关键时刻，真正的朋友是能够拉你一把的人。

白居易在《放言五首》里吟道：“赠君一法决狐疑，不用钻龟与祝蓍。试玉要烧三日满，辨材须待七年期。周公恐惧流言日，王莽谦恭未篡时。向使当初身便死，一生真伪复谁知？”《淮南子》载：“钟山之玉，炊以炉炭，三日三夜而色泽不变。”这些都形象地告诉我们，认识一个人，需要经过一段时间的检验，才能得出可靠的结论。

心经点拨

最初的印象会随着时间的流逝而变化，人在社会的群体中，为了尽量避免不必要的摩擦，要正确运用“睡眠效应”的心理学知识，与人为善，与己方便。

不能总是疑神疑鬼

他人的某种眼神、某个动作或者某种语气，会立刻使自己感觉受到了威胁，觉得别人是在针对自己，这种感觉会让人很痛苦，怎样才能摆脱呢？

人是一种敏感的动物，时刻都在维护自己的尊严和地位，也时刻都想给别人留下最美丽的一面，同时，也时刻关注别人眼中的自己，希望自己是优秀的，一旦觉得自己在别人的眼中变得不完美了，就会觉得别人是在针对自己。当别人不经意冒犯一点点，甚至是一个毫无意义的眼神，不经意的一个动作，或者说话时的某种语气，也会导致自己的不安，觉得别人是故意针对自己。

36岁的张美，是一家公司的会计师，因为自己过分敏感让她痛苦不堪，于是她找心理医生咨询。以下是她的自述：

“我一直都很在意他人的眼光，这让我感觉他人的想法就是地狱。别人无意间说的一句话就是影射我，别人不经意的一个眼神，或者一张没有表情的脸，或是一阵我不知道原因的笑声，都会让我认为大家看不起我，认为我穿的老土，认为我是废物……我很痛苦，可是没有办法表达出来。我觉得自己就像是被孤立起来了。就连我和丈夫的认识也是因为我太敏感了。我们是在一次聚会上碰到的，他向我走来，可是又说：‘不好意思，我认错人了。’看到我惊愕和略带受伤的表情，他又和我解释了一番，说是把我错认成了他的姐姐。我不该什么都往自己身上想。从那以后，一旦我觉得有人针对我，我就会要求对方给予解释。”

人的群居性决定了人是害怕孤独的，人都愿意被群体接纳，害怕失去这个群体。当一个人感觉别人是针对自己的时候，也就会觉得自己有可能会被这个群体排除，内心就会出现恐慌，出现不安。一个从小在孤立的环境中长大的人，总觉得自己是被遗弃了的人，他有比别人更多的感受，有一颗脆弱的自尊心。在这些人的心里通常会产生强烈的自卑感，觉得自己不如别人，别人抛弃了自己，因为他怕孤单，担心被别人抛弃，所以会格外关注他人对自己的想法，也总是用消极的眼光来看待世界，别人一个无意的动作会使他们心里掀起千层浪。总是觉得大家都是针对自己的，找不到自己存在的位置，丢失了自我存在感，似乎他们就活在别人的眼中。

总是觉得他人是在针对自己的人，通常对外部世界过于敏感，对别人总是持有一种怀疑的态度，觉得别人就是和自己过不去，进而产生一种敌对心理。这种心理让人很痛苦，但又难以摆脱，不妨试试以下办法帮助自己摆脱困境。

（1）去印证你的想法。当你感觉别人是在针对你的时候，与其在那里胡思乱想，还不如直接去问个明白，跟他说明情况，请他给你一个解释。如果他的解释和你的猜想一样，那么你要跟他解释清楚你的想法和感受，如果他的解释和你的想法完全是两回事，那就证明是你在瞎想。

（2）换位思考。想象一下，假如你是那个人的话，你有没有必要这么做。站到他的角度想一下，理解一下你的行为和感受，很可能你就会发现那是根本没有必要的。所以，你也就会明白，他根本无心针对你和伤害你，能够这样想，心灵也就得到了解脱。

（3）转移自己关注的目标。当你觉得别人是在针对你的时候，可以选择转移一下关注的目标，比如强迫自己不要去想，和别人聊聊天或者出去运动运动，打一下网络游戏等。把自己的目标转移了，可能不久后你就会忘了刚才所发生的事情。

心经点拨

当一个人总是认为别人在针对自己的时候，内心就会非常慌乱、惊慌不安，会格外关注他人对自己的感受，并用消极的眼光来看待这个世界。

记住对方名字和长相

人对人的第一印象很重要，所以善于把握机遇的人常常会给人留下很好的第一印象，这样会使自己在以后的交往中占据一个十分有利的地位。如果是第一次见面，无论是经过别人介绍还是自己直接交往，一定要牢牢地记住对方的名字和面孔。如果能够做到这样，在第二次见面的时候，你便能够流利地说出对方的名字，这会让对方有一种欣慰的感觉，对方会觉得自己在别人眼里很受重视，这样对方也会对你另眼相看。

心理学家的研究表明，一个人最高层次的需求其实是被别人肯定、被别人尊重。你能够在和别人第一次见面的时候就很清楚地记住对方的名字和面孔，就会使对方这种想被人尊敬和重视的心理得到满足，因此对方也会在适当的时候回报你。这样做对一个智力正常的人来讲是没有什么难度的，主要是要养成这样交往的好习惯，要培养自己的这种意识。如果能够形成你的交往风格，那你就会终生受用无穷。

聪明的人常常在第一次见面的时候就能够和对方很好地进行交流，然后牢牢记住对方的面孔和名字，在以后的交往中就会如鱼得水；而愚蠢的人往往认为无所谓，在第一次见面的时候，并没有认真地记忆，所以以后再见面时常常忘记对方的名字，甚至不知道对方是谁，这样就会造成一种人际关系的隔阂。对方觉得他在你心目中根本没有地位，便会产生一种抵触心理。以后再找机会去修复这层关系就比较难了。

第一次与陌生人见面时，一定注意要牢牢记住对方的名字和面孔，你的生活很有可能会在这样一次次不经意的记忆中发生改变。许多日常小事，见多了，熟视无睹，仔细想一想，就会发现小事情中有大道理。

记住别人的姓名，而且能够轻易地叫出来，等于不露声色地向对方表示了你对他的友谊和评价，给对方一个巧妙而有效的赞美。有时，还会因为能记住对方的姓名而使对方把你当作知己。

反之，你忘记别人的姓名，等于给了别人一个漠视甚至是轻蔑的信号，你往往会失去对方的友谊。

假如你想牢记别人的姓名，就应该遵守下列三项原则：

（1）对方介绍自己的姓名时，通常不是很快地一带而过，就是随随便便说得不清楚。遇到这种情况，你一定要再次询问对方。如果对方递给你名片，你也要仔细地看看，遇到不会发音的字，要赶快询问。你如此做并不是侮辱对方，所以你不用担心他会生气。相反的，这还可以增加你们谈话的机会，借此增进友谊。

（2）当别人告诉你他的姓名后，你要马上在心里反复地背诵，这样自然可在你脑海里留下记忆。所以，当你回答别人：“你说得有理！”不如回答：“张××，你说得有理！”你要尽量在彼此交谈中提到对方的姓名。

（3）当你经由介绍而认识对方，或是收到对方名片时，回家后应该马上在名片后注明他的特征，这对你牢记他人的姓名有很大的帮助。此外，你还可以把他的姓名和其他相关的事务加以联想，这样做也会在你的脑海里留下特别深的印象，尤其是把他的姓名和较奇特的特征联想在一起。

心经点拨

人际交往中，一些细致入微的小细节也许是你成功打开交际局面为自己争取良好人缘的契机。

从开车探知他人心理

在了解喜好开车的人的开车习惯之前，我们先来说一下有车不开的人。这些人的自主意识不太强，他们依赖别人的心理比较强，自身缺乏足够的安全感，他们在生活中时常会陷入一种孤独无助的状况。他们多有较强的自卑感，时常进行自我否定。他们习惯于被别人领导，而不是领导他人。他们缺乏积极的冒险精神，非常乐于跟在别人的后面做事情，这样他们可以逃避很多责任。如果有的地方出了差错，他们自己也不会遭受太大的损失。基于这一点，这类人一般不会取得太大的成就，他们在日常的生活中很在意别人对他们的看法，别人的看法几乎能够控制他们的一举一动。

喜欢开车但是没有驾照的人在很多时候喜欢对别人的行为或者建议指手画脚，尽管这和他们没有太大的关系。他们在交际方面往往不能完整地表达自己的意图，导致最后事情的结果与想象中的存在很大差异。他们希望生活中充满各种各样的刺激，他们会不断地创造出这样的机会，但是一般来说却不是十足的行动主义者，在生活和工作上他们经常会说得天花乱坠，但是内心却充满了消极的情绪。这说明他们的性格是一种想赢怕输的性格。喜欢按规定的速度开车的人，比较传统保守，汽车对于他们来说，只是一种交通工具。这一类人在为人处世中多采取中庸的方式。对于周围的一些事物来说，即使他们有很大的胜算，他们也不会去冒险。在生活上他们一般都是遵纪守法的，不会干出格的事情。他们为人诚实可信，做事情也非常认真，所以他们一般会与周围的人建立良好的关系。开车的速度要比规定速度慢的人，他们在性格上最为突出的特点就是胆小怕事，对于这一点，他们也会感到非常苦恼。一般来说这类人的嫉妒心是很强烈的。他们往往妒忌超过他们的人。他们也想过用自己的实际行动奋起直追，可是又缺乏足够的自信心，总觉得自己有点儿把握不住自己的胜利。如果把金钱和权力放在这类人的手中，他们不能将它们的威力发挥到最大。喜欢超速行驶的人，一般自主意识比较强，他们讨厌一些“条条框框”。如果有人一定要给他们加上一个“枷锁”的话，那么他们大多会采用比较极端的方式来进行对抗，以维护自己。他们在生活上的态度是积极乐观的。一般来说，他们对名利看得比较淡泊，所以他们的生活也多是随心所欲的。开车遇到红灯或者堵车时，大声按喇叭的人，大多是外向型的，他们的脾气比较暴躁易怒。在现实生活中，如果遇到不顺心的事情，他们一般都会大叫发脾气。这类人的自信心一般都不强，做事效率比较低，所以自身的能力一般无法体现出来。我们看不到他们事业上的成就，却看见他们总是匆匆忙忙，这类人大多喜欢探寻一条完全属于自己的道路，哪怕这条道路上有很多的坎坷，他们也毫不在乎。在开车的时候不经常换挡的人，他们希望自己的一切都被别人安排得好好的。这类人一般比较负责任，他们每做一件事情都会尽职尽责。

在十字路口，只要绿灯一亮，就抢先往前冲的人，头脑比较灵活，反应比较敏捷，随机应变能力也是非常强的。在事业上他们总喜欢凡事抢先一步。从这个角度来说，这种品质常常为他们的成功创造了很好的条件。他们对成功的渴望是比较强烈的，有着较强的竞争意识，生活态度积极向上，但是在有的时候会由于经验不足而

“跌倒”。

等到绿灯亮了之后，最后一个发动车子的人，性格冷静沉着的成分比较多。他们在为人处世方面也是比较小心谨慎的，总是要等到事物有一定的把握之后才开始行动。他们所要追求的最终目的是安全感和有保障的生活，为了保护自己，他们懂得收敛，也从来不会表现得锋芒毕露，这样可以避免被周围的人拒绝或者伤害。

心经点拨

每个人开车的方式和掌控自己的方式是不同的，从开车就能看出他的生活态度和生活方式。

死要面子活受罪

死要面子是一种重大性格缺陷，其背后的原因就是极度自尊心理。可是，现实生活中的我们，有多少次为了顾及面子，一再地让那些难得的机会逝去？

爱面子，讲面子是人的一种“本能”，属于正常的心理需求，也是合情合理，天经地义的事情。然而，任何事物发展都有一定的规律，一定的度，不能因过分地“爱面子”甚至到了“死要面子活受罪”的程度。如：有的人原本没有能力与他人比阔，然而为了“死要面子”节衣缩食，勒紧了裤腰带，把自己搞得晕头晕脑；有的人没大本事及后台，因为“死要面子”，狐假虎威，制造假象，蒙骗他人，自吹自擂，无限夸大自己的“后台”如何如何的硬；有的人有一点文化，却“死要面子”、好为人师，做出一副学富五车、满腹经纶的模样，假装深沉，不懂装懂；有的人因为要面子，见利忘义，见荣誉就争，甚至不惜采取打击他人的方式来抬高自己；有的人因为要面子，自己犯了错误不承认，即使当面被人揭穿也要硬撑到底，甚至对不给自己面子，威胁到自己面子的人采取报复性态度，来维护自己所谓的“面子”……

人活在世上，饭是一定要吃的，面子也不能不要。但面子应该留多少，什么样的面子值得维护，却不容易把握好这个度。

人爱面子本身不是坏事，其实也是好事呢。恰到好处地爱面子，说明你有自尊心与上进心，有一定的素养与追求；如果年轻人不爱面子，就没有了自尊心，也就不可救药了。但是如果是严重爱面子，就十分有害了。这会使人变得自私、嫉妒、霸道与焦虑，甚至会使人走向极端，干出悔恨终生的事情来。

“死要面子活受罪”，正是对此种心态的极佳写照。在我们生活中有许多这样的人，他们不懂得如何拒绝别人，放不下自己的面子，“打肿脸充胖子”。本来是自己能力之外的事情也一味逞强，生怕被人瞧不起，说到底还是虚荣心在作怪。

有一个笑话，就是讽刺这种人的。

一个小伙子来到五星级饭店。

小伙子：“你们这里有两尺长的龙虾吗？”

服务员：“先生，请等一下。”

5分钟后……

服务员:“对不起……”

小伙子:“一猜你们这种不上档次的地方就……”

服务员:“对不起，两尺一的行吗?”

小伙子:“……一猜你们这种不上档次的地方就没有正好两尺的龙虾。这样吧，给我上盘青椒土豆丝。”

鲁迅先生讲:“面子是中国人的精神纲领。”林语堂先生讲:“争脸是中国人的第一要义。”就是在今天，面子依然是困扰国人的大问题。一些人不讲“节约”讲“面子”，不要幸福要面子。

现在有很多年轻人认为，穿名牌有面子，穿布衣没面子;喝茅台有面子，打散酒没面子;开靓车有面子，打面的没面子;坐奔驰要比坐奥迪有面子，而坐奥迪又要比坐桑塔纳有面子;住山水别墅比住都市独楼有面子，而住都市独楼又比住大杂院有面子，就像不动用工资要比动用工资有面子，打高尔夫球要比打煤球有面子，公款消费要比自掏腰包有面子一样。

无论年龄大小，过去还是现在，有些人为了面子一掷千金，为了面子送大礼，为了面子“打肿脸充胖子”地进行攀比消费，而且一个比一个“大方”。

这些死要面子的奢侈浪费、盲目攀比，造就了畸形消费的生长土壤。到最后，面子害了谁呢?正应了那句话:“死要面子活受罪，谁难谁知道。”

生活中，有一些人为了面子奔波一生，最后留给自己的还是一堆烦恼。

比如，在情感世界里，如果不注意给对方面子，常常会使良好的关系恶化，甚至引发情感危机。一对热恋中的男女发生了点儿矛盾，他们都认为自己是对的，不肯向对方低头，最后闹起了冷战。女方希望男方主动承认错误，哄哄自己；男方想让女方先开口，给自己面子。结果，两人僵持住了，都拉不下脸来。时间久了，情感日益淡漠，一对恋人就此劳燕分飞。

其实，他们输的不是个人能力，也不是行为技巧，而是这个不名一钱的薄薄的脸面。

心经点拨

只要放下面子，就会活得很轻松。死要面子，在一定程度上是因为心理脆弱、自尊心过分强大。

微笑是有力的交际武器

应该记住：微笑的力量是不可抗拒的！它是协调人际关系的一朵奇丽的鲜花。对一个企业领导来说，微笑最为廉价，也最为珍贵。一位成功人士曾说：他的笑容价值百万美元。他的个性、魅力和亲和力，正是他成功的要素。而他个性中最让人喜欢的，就是那份吸引人的笑容。

谁都喜欢爱笑的人，他无论走到哪里，总带来一股欢乐的气氛。人们想到他，就觉得生活充满快乐与幸福。人们常常通过笑来传递快乐。假如你想给周围人更多的快乐，你就要对他们微笑。日益重要的服务业有句戏言：要是一个女孩子经常露出可爱的微笑，那么，她就是小学文化也可立足此业，要是一个哲学教授老是挂个扑克面孔，就是免费来当参谋也无人聘用。

人人都希望别人喜爱自己、重视自己。微笑能缩短人与人之间的距离，融化人与人之间的矛盾，消释敌对情绪，生活中没有人拒收微笑这一“贿赂”。

据科学考证，原始人类的第一次微笑一出现，便产生了很明显的愉快效果。从此笑在人类社会中就有了内在的价值。始终以微笑待人的人，开始在交际方面比严肃的伙伴更占优势，他成了一个“善交际的人”，在交际方面往往受到社会的欢迎和喜爱。在社会竞争越来越激烈的今天，物竞天择、适者生存的规律所产生的作用，往往有利于那些能用微笑来表达愉快兴奋状态的人。在人类进化的整个过程中，微笑已牢固生根。假如你留心奥运会的入场仪式，你就会发现，不同的国家和民族，不同的肤色和脸孔，不同的服装，不同的文化传统，都有一个共同之处——大家的脸上都挂着微笑。而体育竞赛中的优胜者常常面带微笑，这无疑是胜利者优越感的表露。

在人际交往中，微笑已成为友好、热情的象征。它有助于克服羞怯的情绪和困窘的感情，并有助于人们之间的交往和友谊。无论是马路偶遇，还是预约交谈，开口之前都应先有微笑。微笑的力量是不可抗拒的。有的心理学家甚至认为“会不会微笑是衡量一个人对周围环境适应的尺度”。这种说法虽然不免有点夸张，但微笑确实能抒发健康的情绪，减轻生活的紧张感与环境的压力，达到“以乐忘忧”的境界。生活就像一面镜子，你对它微笑，它就对你微笑。笑对生活的每一天，你会有巨大收获。笑是一种态度，笑是一种境界，笑是一种品格。

微笑不仅是心理健康愉快的表现，还是一种很重要的生理功能。众所周知，笑能达到强健身心的作用，它使身体充满一种其他活动很少能提供的舒适感；它能振奋精神，活跃身心，使全身产生“快乐的震动”：躯体的活动加快肺部的吸气和呼气，血液获得了更多的氧，血液循环变得效率更高，于是就产生了振奋精神的效果。科学家们把微笑的这些效果称为“心理和生理上的”效果。快乐与否并不在于你拥有什么，你是谁，你处于何种地位，或你在做些什么事情。只要你想快乐，你就能快乐。做同样的事，赚同样多钱的人，其中一个人可以笑口常开，另外一个或许整天愁眉苦脸。为什么会有如此大的差别呢？答案是：他们的心理状态不一样。好莱坞月收入 10 万美元的人不见得比泥水匠更快乐。

但微笑切忌皮笑肉不笑，如你内心很苦闷，不可勉强作机械式的微笑，否则会让人觉得别扭，甚至讨厌，你应协调你的情绪与心灵，微笑应来自快乐。人们喜欢的是真正的由心底发出的微笑。来自快乐的微笑是不可战胜的，而且可以创造更多的快乐。假如你的心中经常保持着愉快的心理状态，你就能驱散你的一切烦恼、不快和疲劳。把心摆到快乐的那边去，微笑自然会找你，展开你深锁的愁眉，微笑地面对其他人吧！

心经点拨

在人际交往中，微笑是一个通行证，是友好、热情的象征。微笑有助于增进人们之间的交往和友谊，微笑具有无与伦比的力量。

办公室心理学

“同理心”——职场换位思考

妻子正在厨房炒菜。丈夫在她旁边一直唠叨：“慢些，小心，火太大了。赶快把鱼翻过来。油放太多了！”妻子脱口而出：“我懂得怎样炒菜。”丈夫平静地答道：“我只是让你知道，我在开车时，你在旁边喋喋不休，我的感觉如何……”将心比心，设身处地，是达成理解不可缺少的心理机制。

美国临床心理学家罗杰斯，提出了“同理心”的概念。“同理心”是指设身处地体验他人的处境，对他人的情绪和心境保持敏感，在与他人交流时体验对方的内心世界和感受，并能对对方的感情做出恰当的回应。

这一心理原则的作用当然并不仅限于此。每个人都有自己的喜好，上司也不例外。无论什么样的上司，总有他的优缺点，我们只要肯摸索、观察，对准其要害，就能事事先发制人，做事符合上司的心思，这样上司必将成为自己发展的坚实基础，有助于自己事业的成功。

在我们的实际工作中，作为下属的你得清楚你的老板是哪类人，方能对他施“计”。怎样才能与各种上司打好交道？其实与他们搞好关系并不难，关键是要留点“心眼儿”，揣摩一下他们各自的特点，对症下药就能心想事成。下面我们简单地介绍一下应对各种上司的方法：

冷静的上司

金口玉言，处变不惊；喜怒不形于色；悲痛时不会大哭，不会逢人诉说；认为对的，不会拍手称许，不会热烈赞成……他的举止，始终保持常态，这是头脑冷静的人。

如果遇到冷静的上司，那么对于一切工作计划，你只需要提供意见，不要自作主张，等到他制订计划后，你只要负责执行便可。

至于执行的经过，必须有详细记载，即使是极细微的地方，也不能稍有疏忽，这种一丝不苟的精神、详细记载的报告正是他所喜欢的。但执行中所遇到的困难，你最好能自行解决，不必请求于他。

随机应变原非他所擅长，多去请求反易贻误，做好事后口头报告，说明自己是如何应付的，他就会很高兴，但要注意的是，即使事后报告，也要力求避免夸张的口气。虽然当时的确十分难办，也要以平静的口气，轻描淡写，如此反而更可表现你的应变本领。

热忱的上司

采取不即不离的方式是对付热情上司的最好办法，他对你表示特别好感时，不要完全相信甚至认为相见恨晚，必须明白他的热情并不会持久，要保持受宠不惊的心态。“不即”可使他热情上升的走势得以缓和，不致在短时间内达到顶点，同时延长了彼此亲热的时间；“不离”可使他不感失望。“君子之交淡如水”，对于热情的上司，最好就用这种方法。如果你有所主张或建议，也要用零卖的方法，不要批发销售，如此才能使他对你时时都感到新鲜。对于他所提的办法，你认为对的，赶快去做，否则夜长梦多，过些时候他会反悔的；你认为不对的，不必当面争辩，只要口头答应，手中不动，过些时间他自知不妥，就不再提起了。

豪爽的上司

如果你是个足够幸运的人，那么你可能会遇到这样的上司，他是个豪爽的人。只要你善于利用自己的能力，表现出过人的工作成绩，绝对会有发展的机会。他自己富有才气，所以最爱有才气的人。英雄所见略同，如果你的上司是豪爽型的，而你又是一匹真正的千里马，那么不用担心自己等不到提升的机会。

你需要做的是，在机会未到时，仍很愉快地工作，并做得又快又好。这表示你有游刃有余的能力。同时你还要随处留心眼，一旦发现异军突起的机会，就要好好把握。切记计划要十分周详，然后伺机提出，只要一经采用，便可脱颖而出。意见被采用，表示你的想法有说服力，若上司再委托你来执行，更说明你的能力已被肯定。既然有了好的开端，路子也已摸准，那么只要一步步地走上去，迟早会出人头地，不必操之过急。

傲慢的上司

傲慢的人，多半有足以傲慢的条件。失去了这个条件，傲慢者也会一反从前；拥有了这个条件，谦逊者也会改变其常态。可见傲慢是后天的，不是先天的，是环境造成的。这种足以改变一个人个性的环境，一是挟富，一是挟贵。你的上司如果是个傲慢人物，与其向他取宠献媚，自污人格，不如谨守岗位，落落寡合。这样，他虽然傲慢，但为自己的事业考虑，也不会只亲近那些势利小人，完全排斥求功的君子。一有机会，你就该表现出你独特的本领，只要你是个人才，不愁他不对你另眼相看。

心经点拨

明白别人的态度与看法，可以更清楚地了解对方的思维方式和处世态度。

小人当空乱舞不乱我心

都说办公室是谣言的集散地，总有一些人以制造、传播谣言为乐。对于这种人，最好的办法就是敬而远之，否则，你无意间的一句“肺腑之言”就可能成为他下一个谣言的素材了。

但是，如果有一天，关于你的谣言果真满天飞了，你绝对不能陷入急于澄清事实的泥沼中，唯有冷静分析，找出幕后黑手，做出相应的反击才是明智之举。

王维平和关景乐差不多是同时进这个单位的，但他们并不那么熟络，大概是两人性格相差太大了。王维平特别开朗，每个同事和王维平的关系都很好，而关景乐比较内向，每天都看他皱着眉头，总是在算计着什么似的。

三年后，因为王维平的工作表现和平时的为人处世良好，领导准备提升王维平。正好他们办公室主任准备退下来，领导找王维平谈话，让王维平接这个位子。但王维平的单位有这样的规定，就是要将员工升职信息在单位里公布一段时间，征求大家的意见，这一次，也少不了要走走“形式”。

但过了一个星期，上级领导来找王维平谈话时很严肃。他说单位收到了匿名信，说王维平生活作风有问题，还煞有介事地写到“某年某月某日有某个女人进了王维平的家”。看了这样的罪状，王维平差点吐血，这一老掉牙的招居然还有人在用，信的署名是“一个打抱不平的同事”。

领导让王维平想一想谁会写这样的信，王维平却一点头绪也没有，毕竟自己从来没有得罪过什么人啊。但谣言已经产生，王维平升职的事情还是被搁置了。

这件事情过去半年后，一个准备离职的员工向王维平说出了事情的真相：“信是关景乐写的，我看见了。”王维平终于明白，原来关景乐一直忌妒自己，传出这种谣言就是为了中伤自己，真是太卑鄙了。

被人忌妒我们无法控制，祸起谣言我们也无法阻止，但对小人，只要我们冷静面对，还是可以找到应对之策的。

首先，不为所怒，努力工作。有人笑你、骂你、讥你、嘲你，你只需由他、忍他、恕他、不惹他。咬紧牙关，不为所动，埋头苦干，卧薪尝胆，心无旁骛，那么他对你的“攻击”就会不攻自破。与其陷于对小人和谣言的不满之中，还不如把精力集中于做好自己的本职工作，工作做得出色了，做得优秀了，小人的诋毁行为就会不攻自破。出色的工作成绩是最佳的解释方法和最有力的反击武器，一切造谣中伤止于优异的工作表现。这是处理小人行径根本的方法，哀怨愤懑只会折磨自己，让对方得逞，当然要达到以静制动的境界需要一段时间的磨炼。

其次，不要恃才傲物。书生傲气，固然个性鲜明，为文、做人有特色，但于办公室做事，是为大忌。恃才自傲令我们想起王勃、李白，但如果你的工作生活中存在这样的人，你未必会用欣赏的眼光看待他们，所以自己一定不要成为恃才傲物之人。

这种缺点最易被办公室小人加以利用和发挥，从而孤立你，挑拨你与同事的关系。你的自傲性格产生的第一个直接效果是同事疏远你，让你因此缺少沟通渠道，这样你和同事间存在的隔阂就给奸诈的小人兴风作浪、制造误会或事端提供可乘之机。若你要问同事为何会疏远你，那是人性脆弱的自尊和狭隘所致。

最后，注意和领导保持沟通。人常说，做得越多的人也是错得越多的人。在单位里，往往是这样的情况，你工作出色，颇获办公室负责人的赏识器重，领导就会让你做更多工作，智者千虑，必有一失，百密也有一疏。

若办公室领导是一个洞察秋毫者，那是你的幸运，你的吃力卖命和所得的荣誉还能扯平。若你的领导是量度不足者，就会对你心存偏见，此刻的你若感到委屈不服，赌气不理，不主动向领导解释认错，正中他人下怀，他就会利用这裂隙慢慢地毁掉你在领导心目中的形象。所以，你得和领导保持沟通，不因工作错漏造成渠道堵塞，切记！“三人成虎”可以获信于君王，除“谎言重复一千遍会成为真理”这一因素外，还与君王平时对该大臣存在隔阂误会有关。

心经点拨

面对谣言和小人的恶意中伤，如何化解这种危机就能看出一个人的应对能力和处世风格。回避和辩解都不一定能解决问题，不管怎样，冷静应对才是最基本的要素。

学会与人分享

如果一个人不懂得与他人分享，必定不能获得大成就，尤其作为创业者，更要懂得与他人分享，这样才能将自己的事业做大。

有人在中关村采访过一位创业者，这位创业者当时做的是产品供求信息。那时，中关村做这一行的人还很少，因此这位创业者收入很可观，在很短的时间内，他就买了车，买了房。但是对于自己的员工，他却非常抠门，能少给一分，绝不会多给一分，他认为这是低成本运作。

过了七八年后，这位创业者的公司虽然搬了好几次家，但总是一副小门面的寒酸模样，员工也总是那么寥寥几人，而且还不断地流动。然而和他差不多时间起步，同样也是做这种行业，而且还是白手起家的另一个创业者，却大不相同。那位创业者的产值早已过亿，在漂亮豪华的写字楼里，拥有上千平方米的办公室，在全国各地还开了数十家分公司。

那位小门面的创业者，就是人们口中的“小气老板”。而资产过亿的成功创业者，则是人们口中的“大方老板”。为什么两者的区别会这么大呢？区别就在于一个不懂得与人分享，而另一个则懂得与人分享。那位“大方老板”懂得用分红等办法留下好的员工，让他们为自己创造更多的利益，事业越做越大；而“小气老板”舍不得多出一个子儿，导致人才流失，他的事业自然也停滞不前。这就是分享的作用。美国心理学家马斯洛提出过一种需要层次的理论，他认为按层次划分，人一共有五种需要，分别是生存需要、安全需要、社交需要、尊重需要和自我实现需要。具体到企业环境中要满足员工这五种需要，就需要老板与员工共同分享。只有老板懂得与员工分享，员工才能更努力地回报老板，给他带来更大的效益。

《水浒传》中的宋江就深谙此道。宋江，其貌不扬，论文，他不能吟诗作赋；论武，他无法上马提枪，这样一个人，却将梁山的一干好汉治得服服帖帖，这是为什么呢？就是因为宋江懂得“分享”。作为一个领导人，他很懂得与兄弟们分享。

每当做成一笔“买卖”，宋江总是会安排好功劳簿，对兄弟们论功行赏，并按照各人的贡献，将利润公平分配。他从不瞒着众人多吃多占，中饱私囊。这样一来，让宋江当他们的头儿就成了最好的选择，即使有人不服他，也会出于个人利益考虑而选他。

这不能不说宋江很有“心机”，懂得用“分享”来获得更多的东西。

还有这样一个神话故事。一位牧师问上帝天堂和地狱有什么区别。上帝对这位牧师说：“来吧，我让你看看什么是地狱。”上帝带牧师走进一个房间，房间里有一群人围着一大锅肉汤。每个人看起来都营养不良，既饥饿又绝望。他们每个人都有一把可以够到铁锅的汤匙，但汤匙的柄比他们的手臂长，自己没法把汤送进嘴里，他们看上去是那样的悲惨。

“我再让你看看什么是天堂。”上帝把这位牧师领入另一个房间。这里的一切和上一个房间没什么不同。一锅汤、一群人、一样的长柄汤匙，但大家都在快乐地歌唱。

“我不懂，”这位牧师说，“为什么一样的待遇与条件，这个房间里的人快乐，而另一个房间里的人却很悲惨？”上帝微笑着说：“很简单，在这儿他们会喂别人。”

心经点拨

学会与人分享，是助人也是助己。你愿意与人分享，你所得的一定要比你所失去的多。分享不是心甘情愿地吃亏，而是助你取得进步和成功的明智做法。

为何工作激情不复存在

一位任教 8 年的女教师曾经这样讲述她的现状：

“每天面对同样的学生，每天做着同样的事情，日复一日，年复一年，按部就班，周而复始。重复、单调，起初的成就感和使命感早已消退。现在的学生呢，每一个都那么敏感，那么‘有个性’；挑剔的家长更是数不胜数；而且我们的社会形成了对老师的高要求——人格上是完人，学问上是全能，物质上是穷人，其实老师也是凡夫俗子，也是平常人；还有来自同事的竞争压力，来自教育改革的压力。自己感觉做什么都没劲，干什么都没有意义，现在对班上的事情只求完成任务，不出事就行了，有时候感觉自己会误人子弟。而且我一向温润的脾气也慢慢变得有些暴躁，很气、很烦的时候，就会在课堂上借题发挥来发泄情绪，抓住迟到的学生批评一顿，只是自己心里仍然会很难过。在家里，我也懒得说话，懒得跟家人交流，家人说我冷漠至极。我现在最大的期盼就是退休，赶紧远离这份没有尽头的工作。”

常听职业人士抱怨自己的工作：“我以前很喜欢这份工作，可是现在，唉，越做越没劲！”“我现在是有工作，但没事业，混口饭而已，不愿认真，也没必要认真。”“这次任务又没完成，最近屡战屡败，是不是我的工作能力下降了？”日益激烈的竞争和超负荷的工作量，使职场变成了“战场”。不少人刚参加工作时踌躇满志的冲劲、豪情渐渐消失。这种在职场上表现出身心透支的现象是一种慢性职业病，心理学家称之为“职业枯竭症”。

职场生活中，白领的体力消耗相对较少，而饮食又往往没有规律，加之工作中不得不勉强为之的应酬，扰乱了正常的代谢，使得脂肪肝、痛风等疾病成为高发病。同时，由于工作压力太大、人际关系处理不当等原因，也造成不少人表现出抑郁、焦虑的倾向，严重的会患抑郁症、焦虑症等。

即使不受这些疾病的困扰，进入职场 5 ~ 10 年以后，衰老的步伐之快是任何人都无法阻挡的，你再也没有刚开始工作时的精力和热情了。通宵加班，长期出差，这些曾经被你认为是小菜一碟的事，现在常常感到力不从心。比身体衰老更明显的是另一种“衰老”：知识和技术的“衰老”。随着知识、技能的折旧速度越来越快，若不经常通过培训进行更新，适应性自然越来越差。在这种状况下，就需要对自己的身心进行调节，以保证工作顺利、身心健康。

总的来说，可以参考以下几种建议。

（1）用正确的方法应对压力。面对同样的压力，有的人安然无恙，有的人却身心衰竭，就是因为他们使用了不同的方法面对压力。例如，安然无恙者在感觉工作量太大时，就会进行时间管理，合理地分配每段时间要做的事情。而身心衰竭者不是消极地否认压力的存在，就是以更拼命地工作来掩饰问题，这种自欺欺人的做法反而会形成恶性循环，使身心更加疲累。

（2）将危机视为一种财富。职业生涯顾问建议，当你出现职业枯竭症时，就应该重新思索自己了。这时，你应该花点时间静下心来思考自己想要什么？擅长哪个领域？性格倾向于从事哪类工作？这份工作可以发挥特长吗？是自己努力不够，还是被摆错了位置？自己对工作究竟有哪些期望？想从工作中获得些什么？而事实上工作本身又是否能提供自己所需要的这些呢？

（3）寻求社会支持。当受到压力威胁时，你不妨与亲友或同事一起讨论目前的情况，把心里的症结说出来，不要闷在心中。此时，关心你的亲友会给你一些恳切的建议，并在他们的帮助下确立更现实的目标，同时对压力的情况进行重新的审视。此外，如果确实需要某些实际的帮助，不妨求助于单位的领导和同事。

心经点拨

工作激情渐渐消失，当初的拼劲也不见了，这种在职场上身心透支的现象是一种慢性职业病，提醒着职场中人要尽早发现端倪，并找出其中问题所在和解决方法。

心理学与口才

语言是人类的特有技能，口才可以让一个人轻而易举地成为最受关注的人物。现代社会日益迫切的沟通需要，使得人们对“会说话”的要求越来越高。

说话技巧

自我介绍要新颖别致

出入社交场合，为了让别人很快认识我们，免不了要自我介绍一番，很多人都觉得这很容易：“您好，我叫小王，做人事工作的，很高兴认识你。”或者：“Hi，Rose，我的英文名是Tack，我是一位广告人。”这不很简单吗？

可是我敢保证，像这样平淡无奇的介绍，下次见面时，人家十有八九会忘记你。甚至压根儿就想不起你这个人。你也许会抱怨别人记忆力差，却不知道要想让别人记住你也是有技巧的。

你也许有过这样的经历：到全国各地、世界各地游览旅行，走了大半个中国，或走遍世界各地，回来要你一一细数去过的地方时，你是不是只对具有显著特征的国家或地区有深刻印象？例如海南，其位于中国最南端的天涯海角、热带的椰岛树让你念念不忘；再比如法国，三角形的埃菲尔铁塔让你记忆犹新等等。你很少会记住某个商店、某个住宅区、某个写字楼，因为它们实在没什么特色。生活中类似的例子很多，他们的规律就是特殊事物更容易被人牢记。在心理学上，这被称为“莱斯托夫效应”。

故事是这样的：有一次，一个非常有趣的现象引起了苏联心理学家莱斯托夫的兴趣。他发现在一场人数众多的宴会上，主人依次与来访的嘉宾握手时，面对那些身形、相貌、年龄和地位等特征中较为突出者，当场就能记下他们的姓名。通过观察与总结，他发现生活中许多事情都有类似的现象。于是，他大胆地推测人们总是很容易地记住那些特征突出的事物，随后他做了一系列的实验，证明了该推测的正确性。

那么，为什么会产生莱斯托夫效应呢？这与人们的记忆特点密切相关。当人的大脑受到新信息刺激时，就会留下该刺激的痕迹，而这种痕迹有助于事后的回忆。也就是说，当有类似的刺激发生时，其痕迹本身就互相重叠，整体上变得模糊不清，事后这些信息就很难被回忆起来。相反，越是没有类似性而具备特异性的强烈刺激，痕迹就越清晰，留下的印象也就越深刻。所以，人们通常能够记住一生中的大事，比如上大学的第一天、新工作的第一天等等。这种差异也出现在诸如不规则单词、不同寻常的面孔的记忆过程里，特殊的单词和奇特的面孔比规则的单词和普通的面孔更能被人记住。

在信息爆炸和竞争激烈的现代社会，人们每天摄取的信息、遇见的人、做过的事很多，当海量信息决堤般地涌来时，人们往往会在纷繁复杂的信息大潮面前晕头转向，那么没有特色和价值的信息就会如过眼云烟一样让人过目即忘，自我介绍也一样。有句老话叫作“贵人多忘事”，如果你交际的对象不经常出入社交场合，每隔一两个月才有机会认识一位新朋友，那他应该会记住你的名字。可是如果对方属于“觥筹交错”的繁忙人士，热衷于参加各类聚会拓展人脉，抑或是人人都要巴结讨好的“大红人”，那么，你要让他在第一时间记住你就显得相当重要了。记住别人是一门功课，而让别人记住则是一种技巧，设计令人印象深刻的自我介绍，可以让你在人际交往中脱颖而出。

其实，不仅仅在自我介绍上，有许多社交场合都可以应用“莱斯托夫效应”使我们的形象更为突出，从而易于被他人记住。比如现代社会中，名片的使用相当频繁。如果是在上面变换一些小花样，吸引他人的注意，借此打开话匣，便可以消除对方的生疏感，甚至给对方留下深刻的印象。曾经有一名推销员，他在名片上附上自己的照片，结果每次递上名片，都会引起大家的注意和兴趣，很多人好奇之下便与他攀谈起来，他的推销业务也因此有了良好的开端。

心经点拨

社会竞争压力巨大，每一次别出心裁的自我介绍都会让别人深刻地记住自己，所以给别人留一个好印象至关重要。

沉默可以掩盖你的心理活动

在生活中，如果有东西是你想要而无法得到的，你可以表现出你的不屑，甚至装聋作哑，你显露出越少的兴趣，就显得越优越，会让你的对手不知所措。你对对手付出越多的关注，就显得对手越强大。

新龙公司的王总是个非常聪明的人，平日里寡言少语，但是处理起突发事件时，冷静沉着，智慧过人。

这天，一个客户闯过了保安的层层阻拦，一脚踹开了王总办公室的门，拍着桌子大声叫骂，王总停下手中的工作，一言不发，静静地坐在那里，任由来人撒泼。

对方气焰非常嚣张，似乎要把王总生吞活剥了，叫骂了十几分钟后，对方手也拍疼了，嗓子也吼干了。王总始终没有说一句话，只是微笑着。对方见王总始终微笑着，一脸和蔼，无可奈何地坐在一边喘气。

王总亲自起身，为来人倒了一杯水，点了点头，示意他继续。对方喝了一口水，站起来头也不回地走了。而王总就像什么也没发生一样，继续工作。

本来，客户是想跑来和王总大吵一架，发泄心中的不满和怨气，但是王总的沉默让他无计可施，最后不得不失望而归。客户不但没有达到让王总受辱的目的，而且倒把自己弄得狼狈不堪。事实上，客户越撒泼耍赖，就让自己变得越虚弱，而一直沉默不言的王总则变得越强大。搬起石头砸了自己的脚，客户只能落荒而逃。

沉默的艺术是将对方踢来的皮球踢给对方，让对方一个人在那里表演。

事实上，我们在生活中，难免和别人磕磕碰碰，当别人不依不饶地向你发动进攻时，不妨学学故事中的王总，以沉默来应对挑衅，想想当对方的愿景在你身上得不到体现的时候，该是多么的气愤和难堪。要么对方付出双倍的愤怒，再向你发泄一次，要么灰溜溜地败下阵去，根本用不着你去和他理论。

把握好沉默的艺术，需要把自己的真实想法隐藏起来，让对方琢磨不透，这在无形之中会给对方一种压力。因为无法得知你的想法，所以对方会形成一种错觉，甚至不由自主地去怀疑自己，最终不得不在你面前屈服。

正如很多高手比武的时候，彼此都不敢轻举妄动，因为谁先动，谁就先暴露弱点，会给对方可乘之机。所以一般他们都会站在原地，观察，感觉，等确定好对方的实力之后再动手。这个时候比拼的是双方的心理素质。

在谈判的时候也是如此，对方了解你越多，你失败的概率就越大。反之，对方不了解你的时候，往往猜不到你的底线；当你沉默不语的时候，他们就会不断地给自己施加压力。他们的压力越大，你的底价就会越高。

王先生在一次意外的车祸中失去了一条腿，给家人带来了沉痛的悲伤。但好在王先生早给自己买了人身保险。

事故发生之后不久，保险公司派出代表来和王太太谈索赔的事。

起初在王先生投保时，并没有说具体怎么赔偿，只是约定如果发生意外，看造成的伤害程度定索赔金额。

当保险公司的代表找到王太太，和她谈判的时候，王太太没有说一句话，只是冷冷地坐在一边。

保险公司的代表开出了价码，他说："王太太，根据我们的调查，公司一致决定赔王先生10万元。你觉得怎么样？"

王太太什么也没说，只是冷漠地望着窗外。

保险公司的代表只好说："你要是不满意的话，我们再加10万，20万你觉得怎么样呢？"

王太太依然没有说话，只是沉默。

保险公司的代表急了，继续加价，30万，40万……

王太太始终没有说话，最后保险公司的代表将索赔的价格提高到了100万。

这时候，王太太依然没有说话，只是拿起笔签了字。

事实上，王太太对保险公司的代表一开始开出的价钱并没有不满意，只是她的丈夫残疾了，心情不好，所以没有说话，而保险公司的业务员则以为王太太对索赔的金额不满意，所以一而再，再而三地加价。

这就是沉默的力量，它可以把你的心思严严实实地隐藏起来，从而让别人一无所知。而只有将自己所思所想严实地包裹起来的人，才会在说话、做事的时候游刃有余，而不至于受制于人。

心经点拨

在特定场合，沉默是一种以不变应万变的手段，沉默让别人无法揣摩你的心思，也留给自己更多的心理防卫空间。

说话要以攻心为上

一位心理学家向我们讲述了这样一个故事：

我有一位朋友，是潜能开发方面的专家。有一次，他在下雨天开车，到了某个路口，因挡风玻璃有雨水看不清，当时他瞄见信号灯是黄灯，于是踩了油门，跟着前面的车越过十字路口。

突然间，他的车子撞上正前方一辆摩托车，骑摩托的人叫了一声摔倒在地。他赶紧下车，先观察了一下那位摩托车车主，判断他不是恶意敲诈的歹徒，然后上前扶起他，并友善地说："先不要说谁对谁错，你有没有受伤？"

我的这位朋友事后说，这时那个车主正在闹情绪。如果他下了车就与对方争论对错，不仅没有意义，反而会有理说不清，也会激怒对方，所以他第一句话就关心对方有没有受伤。

那个车主听到了这句话，突然间不知道要说什么，就怔在了原地。

这时，我的那位朋友又开口说："既然人没受伤，那你看这个意外要如何处理？我的意见是叫警察来处理，谁对谁错自有公断，后续问题我也会找保险公司来处理。

总之，如果是我错，我会负全责，只是可能要花你一点儿时间，先等警方做事故现场鉴定，然后再做笔录，再等保险公司的人来谈理赔，可能要花五六个小时……”话还没说完，那个车主见自己和摩托车都没什么大碍，于是给了我朋友一个微笑，然后说：“没事的，谢谢你的关心。再见！”说完骑着车就走了。

像这种交通小事故，如果处理不好，情绪爆发起来，必然像洪水猛兽，收不回也挡不住。心理学家告诉我们，人的情绪是一种微妙的反应，有时只要攻其内心，说对一句话，就可以化解对方情绪上的敌意。

“攻心”就是针对我们说话的对象，具体分析他们的心理状态和弱点，以此来决定什么时机该说什么话，不该说什么话，或该说多少话。

说话“攻心”是一种心理战术。运用这种心理战术，一方面可以给对方造成一种声势，另一方面也可以巧妙地化解矛盾，从而使自己掌握主动权。

无论是在工作还是在生活中，都需要我们掌握一定的交际和沟通能力。说话作为最主要的沟通形式，是一个人在交际方面获得成功的重要渠道。因此，攻心战略也是人际交往中我们要坚持的说话原则。

也许有人会说：“不就是说话吗？我们每天都在说，没什么困难的。”的确，说话容易，但会说话却没有那么简单。能言善辩者，即便一无所有，依然能够驰骋天下。懂得攻心之术，你就拥有了一笔取之不尽的财富，它将使你在人生的竞技场上如虎添翼。

现代社会日益迫切的沟通需要，使得人们对“会说话”的要求越来越高。正如我国古代著名的辩论家苏秦所说的那样，能言善辩是促使你成功的重要因素之一。所以，在竞争日益激烈的社会中，一个人要想在为人处世方面游刃有余，不仅要练就洞察人心的敏锐观察力，还要掌握撼动人心的攻心策略。

心经点拨

“攻心”就是针对我们说话的对象，具体分析他们的心理状态和弱点，以此来决定什么时机该说什么话，不该说什么话，或该说多少话。

拒绝他人要有技巧

拒绝别人的时候，可以通过引用名人名言、俗语或谚语等来作答，以表达自己的意思，或表明自己的观点。这种方式的好处是显而易见的，既增加了自己说话的权威性与明确度，又不必在解释和说明上浪费太多的口舌，还能有效地达到自己所期待的效果。从古至今，很多有“心眼儿”的人都善于用这种方法拒绝他人。

汉光武帝刘秀的姐姐——湖阳公主的丈夫死后，她看中了朝中品貌兼优的宋弘。有一次，刘秀召来宋弘，以言相探：“俗话说，人的地位高了，就要改换自己结交的朋友；人富贵了，也可以改换自己的妻子。这是人之常情吗？”宋弘回答说：“我只听说‘患难之交不可忘，糟糠之妻不下堂’。无论人是生活贫困，地位低下还是高贵，都不能忘记朋友，也不能抛弃最初的结发妻子。”

宋弘深知刘秀言外之意，但他进退两难——应允吧，违背了自己的人品，也对不起贫贱相扶的妻子；拒绝吧，还会招来麻烦，毕竟对方是一国之君；直言相告吧，也不得体，又有冒犯龙颜之患。所以他引用古语来“表态”，委婉而又直截了当地表明了自己的态度与立场，不失为一个良好的拒绝办法。

拒绝要讲究策略，要婉转地拒绝对方，尽量不要伤害对方的自尊心。要让对方明白，你的拒绝是出于不得已，并且感到很抱歉、很遗憾，尽量使你的拒绝温柔含蓄。

心经点拨

委婉说话是策略，也是语言的艺术。现代人推究口才，掌握了委婉说话的技巧，会让你在人际交往中得心应手、如鱼得水。

学会欣赏和赞美别人

关于人类的举止，有一条非常重要的法则：永远使对方觉得自己重要。几千年来，哲学家们一直在推测人性关系的规则，而从推测中，只寻出了一条重要的箴言。这条箴言并不是新创的，琐罗亚斯德早在3000年前就把它教给拜火教徒了，孔夫子也在2500年前就在中国宣扬它了，道教始祖老子也把它教给了自己的门生，释迦牟尼于耶稣诞生前500年就在圣迦河岸宣传过它，印度教的经文典籍在这之前1000年时就传播过它了，耶稣19个世纪前在崎岖的巨狄亚石山上，就这样教导过人们了。这条箴言归纳成一句话就是:“已所欲，施于人。”

你希望那些和你来往的人都赞赏你，你希望人家赞赏你有真正的价值，我们许多人都希望这样。因此，我们也要以希望别人待我们之心去对待别人。

每个人心中都有一种想当重要人物的感觉，一旦别人帮助他实现了或让他体验到了这种感觉，他就会对这个人感激不尽。当他超过他人，优于他人时，他会有一种优越感。但是当他人凌驾于他之上时，他内心便感到愤愤不平，有的产生自卑，有的却记恨在心。所以，我们都要谦虚地对待周围的人和事物，鼓励别人畅谈他们的成绩，自己不要喋喋不休地自吹自擂。

称赞和尊重别人，欣赏别人，能够使他们觉得很受重视。不花一分钱，却能产生意想不到的作用。同样，别人反过来也会尊重你，以积极的态度对待你。

卡耐基指出，每个人都渴望得到别人和社会的肯定和认可，我们在付出了必要的劳动和热情之后，都期待着别人的赞许。因此，把赞美——我们自己需要的东西，首先慷慨地奉献给别人，就会很好地体现我们的大方和成熟。

赞许别人的实质，是对别人的尊重和评价，也是送给别人的最好的礼物和报酬，是搞好人际关系的一笔具有长远利益的投资。它表达的是我们的一片善心和好意，传递的是你的信任和情感，化解的是你有意或无意间与人形成的隔阂和摩擦。对人表示赞许，好处诸多，我们何乐而不为呢？

世界上的人大都爱听好话，没有人打心眼里喜欢别人指责他，就是相濡以沫的朋友，你批评几句，对方也有脸上挂不住的时候。

美国哈佛大学的专家斯金诺，通过一个实验表明，即使是动物的大脑，在受到鼓励的刺激后，大脑皮质的兴奋中心也会开始调动子系统，从而影响行为。同样的道理，人作为万物的灵长，期望和享受欣赏，是人类最基本的需求之一。

林肯说："一滴甜蜜糖比一斤苦汁能吸引到更多的苍蝇。"几乎所有人都喜欢虚荣。每个人都有自己优越的地方，至少有他们自以为优越的地方。在其自知优越的地方，他们固然希望得到他人公正的评价。但在那些希望出人头地而不自信的地方，他们尤其喜欢得到别人的恭维。

心理学家吉斯菲尔指出："有不少人，他们喜欢听相反的话；更有许多人，喜欢别人把他们当作有思想、有理智的思想家。有一回，我与一个人讨论一件颇有争议的社会问题，我对他说：'因为你是这样的冷静、敏锐，所以我想知道，我们究竟应该站在什么立场？'他听了我的话，立刻现出满面春风的样子，并详细对我说了他对此事的立场态度。原来此人希望人家认为他是敏锐、冷静的。"

几乎所有女人都是很质朴的，但对仪容妖媚，她们是至深癖爱、孜孜以求的。这是她们最大的虚荣，并且常常希望别人赞美这一点。但是对那些有沉鱼落雁之容、闭月羞花之貌的倾国倾城的绝代佳人，那就要避免对她的容貌过分地赞誉，因为她对于这一点已有绝对的自信。如果，你转而去称赞她的智慧、仁慈，如果她的智力恰巧不及他人，那么你的称赞，一定会令她芳心大悦，春风满面的。

人不分男女，无论贵贱，都喜欢听合其心意的赞誉。同时，这种赞誉，能让他们更自信。这的确是感化他人的有效方法。

心经点拨

既然赞扬是人际交往的润滑剂，我们就要在和周围人相处的过程中，毫不吝啬地赞扬别人，通过赞许获得广大而神奇的作用。

说话注意事项

委婉拒绝而不伤和气

当有人求你办事的时候，出于各方面的考虑，有些事显然应该拒绝才对自己更有利。但碍于面子和感情的缘故，很难将“不行”两个字直接说出口。这时，你不妨用一种委婉的方法拒绝对方，这样既可以达到拒绝的目的，又不使对方难堪。

用幽默的语言轻轻说“不”

办事都要讲求原则，不符合原则的事坚决不能办。如果某人向你提出的要求是不符合原则的，你不答应办，这就叫坚持原则。不能为保持一团和气而丧失立场，不论什么样的关系，该拒绝的一定要拒绝。但拒绝时要讲究说话方式的灵活性。根据人际关系的类型和特点，根据语言交往的内容、场合和时间等因素的不同，采取灵活的策略，这就叫办事要有灵活性，做到原则性和灵活性的统一。讲究灵活性，很重要的一点就是委婉含蓄。

美国第 32 任总统富兰克林·罗斯福在任总统之前，

曾在海军部队担任要职。有一次，他的一位好朋友向他打听海军在加勒比海一个小岛上建立潜艇基地的计划。罗斯福神秘地向四周看了看，压低声音问道："你能保密吗？""当然能。""那么，"罗斯福微笑地看着他，"我也能。"他的朋友明白了罗斯福的意思，便不再打听了。罗斯福采用的是委婉含蓄的拒绝方式，其语言轻松幽默，表现了他高超的语言艺术。让他在朋友面前既坚持了原则立场，又没有使朋友陷入难堪，取得了极好的语言交际效果，以至于在罗斯福死后多年，这位朋友还能愉快地谈及这段逸事。相反，如果罗斯福表情严肃，义正词严地加以拒绝，甚至心怀疑虑，认真盘问对方为什么打听这个，有什么目的，受谁指使，岂不是小题大做，有煞风景？其结果必然是两人之间的友情出现裂痕甚至危机！

绕着弯儿巧言说"不"

北洋军阀统治时期，杭州城有个杜宝林，外号"小热昏（指一种艺术形式）"，以唱独角戏闻名全城。杜宝林以卖梨膏糖为生。为了招徕买主，编了滑稽小段在西湖边上一边演出，一边兜售梨膏糖。由于他时而说、时而唱，经常是妙语连珠、生动有趣、南腔北调、手舞足蹈，因而观者无数，许多人按时等候在他表演的地方，且"风雨无阻，四季不分"。

浙江警察厅厅长夏超仗势欺人，私生活糜烂不堪，杭州百姓无不深恶痛绝。杜宝林决定代民解恨，搜集了夏超的种种丑闻秽行，编成节目，用嬉笑怒骂的方式给予嘲讽，并在围桌上大书“小热昏警世笑话”七个字，杭州百姓听了他的笑话，无不捧腹大笑，拍手称快。杜宝林因此声名鹊起，成了杭州城妇孺皆知的人物。

因为杜宝林的演出如匕首般刺痛了夏超，杜宝林的厄运接踵而至。一天，他突然被警察局传讯，罪名是“招摇撞骗，煽动闹事”，勒令他不许再演，“如不听令，立即枪决”。杜宝林不为所动，把戏中过分明显的地方改得隐晦一些，照旧在街头巷尾演出。夏超得悉后，再次传讯他，问他何以不服从命令。如何对付这个蛮横无理的官僚呢？面对万分恼火的夏厅长，杜宝林笑哈哈地回答道：“夏厅长何以如此当真，我本就是热昏颠倒，说三道四，说说笑笑，所以叫小热昏。厅长是浙江头面人物，教养极高，难道会相信热昏颠倒的人说三道四？”经他这么一说，夏超竟然语塞，无言以对。杜宝林继而一本正经地说：“我若不热昏颠倒，说三道四，谁来买我的梨膏糖？我一家老小岂不是要活活饿死？夏厅长只要答应养活我一家七口，我就不做‘小热昏’了。”夏超啼笑皆非，末了叮嘱他以后小心点，就让他走了。

此后，夏超虽派密探盯梢，但无济于事。因为杜宝林的独角戏实在精彩非凡，那些密探常常被杜宝林的表演吸引，竟然忘了自己的任务，与观众一起捧腹大笑。禀报时便说杜宝林已改邪归正，循规蹈矩。

“小热昏”戏骂夏厅长，自然要惹恼这位大人物，夏超下令让杜宝林停演。以唱独角戏、卖梨膏糖为生的杜宝林，是很难执行这个命令的。他拒绝了，而且是当着厅长的面拒绝的，他奇妙的话语令夏超无言以对，啼笑皆非，只好收回原来的命令。这个故事妙就妙在杜宝林运用自己的职业特点，说自己是热昏颠倒、说三道四之人，演出为的是养家糊口，又称赞厅长有教养。杜宝林的话环环相扣、不卑不亢、入情入理，使警察厅厅长毫无办法。这就是语言的威力，要做到巧言拒绝，就必须有胆量、有信心。倘若杜宝林面对很有势力的警察厅厅长，在心理上已惧怕三分，就不会有巧言拒绝的事儿，因为他压根儿就没有胆量说话，只会说“是，是”，然后就不演了。如果是这样，就不会有杜宝林的故事流传了。

心经点拨

拒绝要讲究策略，要巧妙婉转地拒绝对方，又不能伤害对方的自尊心，让对方下不来台。

倾诉衷肠要看对象

在交际中，全盘托出的人是最愚蠢的，“心机”重的人懂得分寸，不会轻易泄露并掏出整个心。碰上老实的人，你们一见如故，把老底全都抖给对方，也许你们会因此成为知心朋友。但在现实中，更多的情况是：你把心交给他，他却因此小看你，更有甚者会因此打起坏主意，暗算你。所以说，在待人处世中，尤其是对摸不清底细的人，切记做到“逢人只说三分话，未可全抛一片心”，否则，吃亏受伤害的将是你自己。

李厂长出差的时候在火车上遇见一位“港商”，二人一见如故，互换了名片。这位港商在举手投足之间都显示出一种贵族气质，这使李厂长对其身份毫不怀疑。恰巧二人的目的地相同，而港商又对李厂长厂里的产品非常感兴趣，似有合作意向。李厂长便与之同住一个宾馆，吃饭、出行几乎都在一起。这一天，李厂长与一客户谈成了一笔生意，取出大笔现金放在包里。午饭后李厂长与港商在自己屋里聊天，不久李厂长起身去卫生间，回来时出了一身冷汗：港商和那个装满钱的皮包都不见了！李厂长赶紧报警，几天后案子破了，罪犯被抓获后李厂长才知道，原来那个人并不是什么港商，而是一个职业骗子。这让李厂长对自己轻易相信他人，说出自己底细的做法痛悔不已。

像李厂长这种被人摸清底细钻了空子的事情几乎时有所闻。而“港商”的骗术仅在于：他交出假心，以此诱骗你交出真心。而你不知江湖险恶，就厚道地什么都对他说了。所以，在这一点上我们有必要吸取教训，换一种不那么“实心眼儿”的做人态度。

孔子曰：“不得其人而言，谓之失言。”对方倘不是与你深相知的人，你却畅所欲言，对其吐露真心，对方的反应是什么呢？你说的话，是你自己的事，对方愿意听你说吗？彼此关系浅薄，你与之深谈，显出你没有修养。你说的话，是纠正对方的，你不是他的诤友，不适合与他深谈，深谈则显出你的冒昧。

所以“逢人只说三分话”，不是不可说，而是不必说、不该说，与“事无不可对人言”并没有冲突。

“事无不可对人言”，是指你所做的事，并不是必须尽情地向别人宣布。老于世故的人，是否事事可以对人言，是另一问题。他的只说三分话，是指不必说、不该说的尽量不说，是一种自我保护和防范。

另外，初次和人见面，或才见过几次面，就算你觉得这个人不错，你很喜欢他，也不该把你的心一下子就掏出来。我们主张不那么老实做人，意思是：对还不了解的人，无论说话还是做事，都要有所保留，不可一厢情愿。

告诉你不要一下子就把心掏出来，是因为人性复杂，你若一下子就把心掏出来给对方，用心和他交往，那么就有可能受伤。

把心掏出来，这代表你的真诚和热情，但是你把心掏出来，他也把心掏出来的情况不太多，而且也有掏假心的人。若这种人别有用心，刚好利用了你的弱点，好比薄情郎对痴情女一般，那么你的日子就不好过了。而会玩手段的人，更可以因此把你玩弄于股掌之中。

再者，还有一种情况，你一下子就把心掏出来，如果对方是个谨慎的人，那么你反倒会吓着他，因为他也许会怀疑你这么坦诚是另有目的的。如果是这样，你可能会弄巧成拙，因而断送了有可能发展的情谊。

心经点拨

倾诉要先选准对象。在交际中，将自己的内心想法全盘托出的人是最愚蠢的，因为不懂得分寸、轻易泄露所有心事的人很容易受骗。

批评他人不能太露骨

2000年前，耶稣说过："尽快同意反对你的人。"4000年前，古埃及国王阿克图在一次酒宴中对他的儿子说："聪明一点，它可使你予求予取。"做人不要对别人的错误过于敏感，不要执着于所谓正确的意见，不要轻易刺激任何人。如果你要使别人赞同你，牢记一句话："尊重别人的意见，永远别说'你错了'。"

发现别人犯了错，不会说话的人会毫无顾忌地说："你错了。"而聪明的人则不会这样说，他懂得给人留面子，懂得批评是为了让别人认识并改正自己的错误，而不是制伏别人或把别人一棍子打死，更不是为拿别人出气或显示自己的威风。

有句老话说："人活一张脸，树活一张皮。"每个人都很爱面子，聪明的人在说话的时候懂得给人留面子，他们从来不会把话说死、说绝，说得自己毫无退路可走。

20世纪30年代，美国经济危机期间，吉妮家一度陷入贫困之中。他穿的衣服和鞋子都是姐姐剩的，而且破旧不堪。

一天早上，他的妈妈递给他一双牛仔鞋，鞋子的样式一看就是女式的，他虽然感到委屈，但是他知道家里确实没有钱给他买新鞋子。

快走到学校的时候，他低着头，生怕遇到自己的同学，怕他们笑话自己。可是，突然，他的胳膊被一个同学抓住了，只听对方大声喊道："哎！快来看啊！吉妮穿的是女孩的鞋子！"他的脸一下子就红了，心里十分难过。

就在这时，玛丽老师到教室来上课，大家才笑着散去。上课时玛丽老师给大家讲起了有关牛仔的生活和印第安人的故事，大家听得津津有味，玛丽老师有个习惯，就是边走边讲。

她走到吉妮的座位旁边时，嘴里仍旧不停地说着。突然，她停了下来。吉妮抬起头，发现她正在目不转睛地注视着自己的那双鞋，他再次感到无地自容。

"牛仔鞋！"玛丽老师惊奇地叫道，"哎呀！吉妮，这双鞋你究竟是从哪里弄到的？"

她的话音刚落，同学们立刻蜂拥过来，纷纷要求穿一穿他的"牛仔鞋"，包括先前嘲笑他最厉害的那位同学。他们羡慕的眼神让吉妮不亦乐乎。

玛丽老师没有直接对嘲笑吉妮的那位同学说："你错了。"因为那样会伤害吉妮的自尊心，她采取了一个特殊的方式，保全了吉妮的面子。

批评的目的是教育，方式不当的批评容易让人觉得丢面子。记住：永远不要在公共场合或当着第三者的面批评别人。同时，在批评的时候，最好肯定一下别人的优点和长处，这是让人保住面子的最好方法。

在批评别人的时候，我们要明白，批评是为了帮助对方认识错误，改正错误，积极地把事情做好。如果你不懂得如何批评别人，以下几种批评方式，也许对你与他人的沟通有所帮助。

（1）启发式批评。我们批评别人，是针对他的错误而言的。要帮助对方改正错误，关键还在于个人“内因”，而批评者的批评“外因”只能起到一定的辅助作用，要让对方从根本上改正错误还要靠“内因”。所以，高明的批评者总是逐渐“敲醒”对方，启发他进行自我批评。比如：“你回答得很好，如果能再举个例子说明一下就更精彩了！”

（2）迂回式批评。作家班奇利在一篇文章里谦虚地谈到他花了15年时间才发现自己没有写作的才能。结果，一位读者来信对他说：“你现在改行还来得及。”班奇利回信说：“亲爱的，来不及了，因为我已无法放弃写作，我太有名了。”

这封信后来被刊登在报纸上，人们为此笑了很长时间。事实上，班奇利的作品闻名遐迩，但他没有直接指责那位读者，而是以令人愉悦的、迂回的方式回答了问题，既保护了读者的自尊心，也保护了自己的名誉。

（3）幽默式批评。幽默式批评是以不过分刺激的方式点到被批评者的要害之处，含而不露，以缓解被批评者的紧张情绪，启发被批评者去思考，增进相互间的感情交流，让批评不仅能达到教育对方的目的，而且能创造一个轻松愉快的气氛。

有位女作家应邀到某校演讲，时间安排在下午的第一节课。还没开始讲，她就发现已经有同学在打瞌睡了。她拍拍桌子，大声说：“在这个闷热的午后，各位要听我这个老太婆说话，一定很想打瞌睡，不过没关系，各位可以安心地睡。但有两个原则，一是姿势要优雅，不能趴在桌子上；二是不准打呼噜，以免干扰他人。”说完，哄堂大笑，没有一个人再打瞌睡。

（4）三明治式批评。美国著名企业家玛丽·凯在《谈人的管理》一书中说道：“不要只批评，还要赞美。这是我严格遵守的一个原则。不管你要批评的是什么，都必须先找出对方的长处来赞美，批评前和批评后都要这么做。这就是我所谓的‘三明治策略’——夹在大赞美中的小批评。”

被批评者最主要的心理障碍是担心自己没面子，损害自己的利益。为此，你在批评前，就要先帮助他打消这个顾虑。打消顾虑的方法就是将批评夹在赞美当中，也就是在肯定成绩的基础上再进行适当的批评。

（5）间接式批评。冯玉祥向来提倡廉洁简朴。他在开封时，不准部下穿绸缎衣服。一次，冯玉祥看到一个士兵穿着一双缎鞋，连忙上前深深地作了一个揖，把士兵弄得莫名其妙，呆若木鸡。最后，冯玉祥告诉他：“我并不是给你行礼，只因为你的鞋子太漂亮了，我不敢不低头下拜哩！”那个士兵吓得魂飞魄散，连忙脱下缎鞋，赤着脚跑回去了。

这就是用借彼喻此的间接式批评方法声东击西，让被批评者有一个思考余地。含蓄蕴藉，不会伤到被批评者的自尊心。

心经点拨

批评别人也要让人保住面子。批评别人的时候，我们要明白，批评的目的是让对方改正错误，积极地把事情做好，而不是自己耍威风或者故意贬低对方。

开玩笑不能太过

在生活中，爱开黑色玩笑的人被习惯性地认定是“刻薄”的人，容易引起他人反感。同事之间可能笑过就算了，但老板的威严是绝对不能冒犯的。如果想在老板面前留下好印象，就要学会宽容，学会发掘别人的优点，慢慢改变在老板眼中“刻薄”的形象。

张小姐是一家公司的外勤人员，是个聪明伶俐的女孩。她脑子快，言辞犀利，还有丰富的幽默细胞，无论到哪儿都是颗“开心果”。但如此可爱的张小姐，却得不到老板的青睐！

张小姐工作非常努力。有一次，她加了一整夜的班，第二天一大清早赶到公司，满身疲惫的她还要被不分青红皂白地批评。老板说她工作不够仔细，状态差，任她怎么解释都不行。张小姐委屈极了，向比较谈得来的老员工请教。对方反问她说：“想想你平时有没有在言辞上对老板不敬啊？”

这么一问，张小姐想起来了，自己平时就爱与同事开玩笑，后来看老板斯斯文文，对下属总是笑眯眯的，胆子一大，就开起了老板的玩笑。有一天，老板穿着一身新西装来上班，别人都是微笑地对老板说："您今天真精神啊！"只有张小姐夸张地大叫："老板，您今天穿新衣服了！不过款式好像是去年流行过的啊！"现在回想起来，当时老板的脸色真是特别难看。

还有一次，张小姐带着刚刚谈好的客户和协议来找老板签字。看到老板龙飞凤舞的签名，客户连连夸奖老板："您的签名可真气派！"张小姐听了又是一阵坏笑："能不气派吗？我们老板可暗地里练了3个月了！况且这是他写得最多的字。"此言一出，老板和客户都陷入尴尬。

想到这些，一向快言快语的张小姐再也高兴不起来了。原来这就是她虽然聪明能干，却无法受到重用的原因。

开玩笑的确可以拉近同事间的距离，缓和人际关系。但如果玩笑有人身攻击的成分，就是黑色玩笑了。黑色玩笑对人际关系的破坏力很强，黑色玩笑的背后往往隐含着人性的弱点，任何人都不会笑着面对被揭开的伤疤。

开玩笑本是人与人之间交往的润滑剂，玩笑开得恰当、得体、幽默、风趣，会为周围的人带来欢愉。但许多人因为玩笑开得出格而导致朋友反目，甚至闹出流血、人命事件。可见，开玩笑也要讲究对象、语言和方法。开玩笑的禁忌如下：

一忌揭短。将对方生理缺陷、生活污点等鲜为人知的短处当作笑料一一抖出，严重伤害对方的自尊心。

二忌讥讽。如果开玩笑的出发点是为了贬低对方，指桑骂槐，达到抬高自己的目的，那就大错特错了。

三忌污语。一出口便是一嘴脏话秽语，自以为豪迈，其实不仅自降人格，还惹得对方心中不快，周围听众避而远之。

四忌隐私。开玩笑常常会无意中涉及对方生活、工作上的隐私，如此时恰逢对方的恋人、亲人尤其是上级在场，很容易造成言者无心，听者有意，坏了对方的"好事"。

五忌动手。有道是"君子动口不动手"，觉得嘴上没搞定对方，就用武力解决，导致双方恼羞成怒，闹出两败俱伤的惨剧。

六忌"将军"。"将军"是象棋中的一句术语，是把对方逼到绝境的意思。如把一些力所不能及的事当成笑料，然后"将对方的军"，让对方去做，而对方又是一个要面子的人，众目睽睽，只好顶风为之，结果发生意外，以悲剧收场。

七忌重复。俗话说得好，"话说三遍淡如水"，总开重复的玩笑，会让对方以为是跟他过不去，心中记恨，反目成仇。

八忌刨根。将一些流言蜚语作为开玩笑的内容，并步步紧逼，刨根问底，惹得对方反感至极。

九忌庸俗。拿一些下流或私生活上的事作为笑料，既显得自己没素质，又搞得对方下不了台。

十忌捉弄。搞恶作剧，哄骗对方突发不幸，看到对方被捉弄的惨相后，幸灾乐祸。

远离“十忌”，朋友们喜欢，周围人欢迎，你定会成为一位快乐的使者。

心经点拨

开玩笑是人与人交往的润滑剂，是人际交往的一项重要内容。玩笑开得恰当、得体而又幽默，在人际交往中会取得很好的效果。

心理学与管理

现在的社会竞争激烈，作为一名优秀的管理者，激励员工已成为现代企业管理的重要一环。发现问题并勇于提出解决方案，做好这些，你就是最优秀的管理者。

员工管理

设法加强内部驾驭能力

春秋时期，楚国令尹孙叔敖在芍陂县一带修建了一条南北水渠。这条水渠又宽又长，足以灌溉沿渠的万顷农田，可是一到天旱的时候，沿堤的农民就在渠水退去的堤岸边种植庄稼，有的甚至还把农作物种到了堤中央。等到雨水一多，渠水上涨，这些农民为了保住庄稼和渠田，便偷偷地在堤坝上挖开口子放水。这样的情况越来越严重，一条辛苦挖成的水渠，被弄得遍体鳞伤，面目全非，因决口而经常发生水灾，水利变为水害了。

面对这种情形，历代芍陂县的行政官员都无可奈何。每当渠水暴涨成灾时，便调动军队去修筑堤坝，堵塞漏洞。后来宋代李若谷出任知县时，也碰到了决堤修堤这个头疼的问题，他便贴出告示说：“今后凡是水渠决口，不再调动军队修堤，只抽调沿渠的百姓，让他们自己把决口的堤坝修好。”这布告一出，再也没有人偷偷地去挖堤放水了。

这是一个有趣的故事，但是故事背后的寓意却值得我们做管理者的深思。如果在执行一项政策之前就把这当中的利害关系对执行者讲清楚，他们也许就不会为自己的私利而做出损害团队利益的事情了，当然这只是对素质高的团队来说。

有的企业可能因为行业的原因，员工的素质都不太高，遇到这种情况，即使你说明了利害，他还是会为了自己的利益偷偷地去做一些损公肥私的事情，怎么办？严格有效的监督控制机制的建立就显得非常重要了。

以人管理，总是有漏洞可循的，因为人都是有弱点，有感情的。人与人之间，不管是何种类型的人，相处久了，也会有感情。而制度呢？却能起到人所不能起到的作用。

一个没有制度的企业只是一个货堆。当制度都不能发挥作用的时候，就只有利用李若谷的办法，以子之矛攻子之盾，当他们发现这样做得到的好处还不如损失多的话，他们自然也就不会再去做这样的事情了。所以说，不管具体用什么方法来执行，制定一套安全有效的内部控制制度是非常必要的。

心经点拨

一个企业，必须有一套有效的管理机制进行运作，没有一套严格而有效的监督控制机制是无法让员工的能力转变成生产力的。

“霍桑效应”：让员工发泄出心中的不满

美国芝加哥郊外的霍桑工厂，是一个制造电话交换机的工厂。这个工厂建有较完善的娱乐设施、医疗制度和养老金制度等，但员工们仍愤愤不平，生产状况也很不理想。为探求原因，1924 年 11 月，美国国家研究委员会组织了一个由心理学家等各方面专家参与的研究小组，在该工厂开展了一系列实验研究。这一系列实验研究的中心课题是生产效率与工作物质条件之间的关系。其中有一个“谈话实验”：即用两年多的时间，专家们找工人个别谈话两万余次，并规定在谈话的过程中，要耐心倾听工人们对厂方的各种意见和不满，并做详细记录，对工人的不满意见不准反驳和训斥。

这一“谈话实验”收到了意想不到的效果：霍桑工厂的产量大幅度提高。这是由于工人长期以来对工厂的各种管理制度和方法有诸多不满，无处发泄，“谈话实验”使他们的这些不满都发泄了出来，从而感到心情舒畅，干劲儿倍增。社会心理学家将这种奇妙的现象称为“霍桑效应”。

霍桑实验的初衷是试图通过改善工作条件与环境等外在因素，从而提高劳动生产效率。但是，通过实验，人们发现，影响生产效率的根本因素不是外因，而是内因，即工人自身。因此，要想提高生产效率，就要在激发员工积极性上下功夫，要让员工把心中的不满一吐为快。霍桑工厂的“谈话实验”之所以会提高工作效率，主要原因就是它切合了人内心的某些潜在的心理特点。

当管理者们深切地领悟了“霍桑效应”的妙处之后，就立即不失时机地应用到了自己的管理中。比如，设立“牢骚室”，让人们在宣泄完抱怨和意见后，全身心地投入到工作中，从而使工作效率大大提高。日本的一些企业还设立了“特种员工室”。在“特种员工室”里陈设有经理、车间主管、班组长的人偶像及木棒数根，工人对某管理人员不满，可以用木棒打自己所憎恨的人偶像，以泄愤懑。

近年来，法国还出现了一个新兴行业——运动消气中心，仅巴黎就有上百个。出此创意的人大都是学运动心理专业的，他们认为运动可以解决人们的心理问题，尤其是心情积郁等诸多问题。每个运动中心都聘请专业人士做教练，指导人们如何通过喊叫、扭毛巾、打枕头、捶沙发等行为进行发泄。也有的通过心理治疗，先找出“气源”，再用语言开导，并让“受训者”做大运动量的“消气操”。

美国也诞生了各种专供人在受了委屈后发泄的“泄气中心”。在这里，有的医生采用发泄疗法对病人施治，具体形式为：召集病人围坐在一起，让大家毫无顾忌地发怨气、倒苦水。

心经点拨

影响生产效率的关键因素在于员工自身，所以，要激发员工积极性，就要让员工对自己的工作环境和工作内容有一个合理的满意度，如有不满，就要适当发泄出来。

个人权威不是摆架子得来的

所谓的"官架子"，乃气派、排场也，是用来抬高自己、表现自己的一种狂妄、傲慢的姿态。时下一些领导认为，他们是管理者和统治者，公司的员工则是被管理、被统治者，员工必须任由自己驱使，每个人都得对自己卑躬屈膝，迎合自己的情绪和癖好。

其实，不知这些老板是否清楚，他们的"架子"越大，官气越足，员工就越反感，与他们的距离就越远。日积月累，不仅不利于各项工作的开展，而且会使员工的意见越来越大。而一个真正的好老板，不在于"官架子"端得大不大，而在于是否具有亲和力，是否得到了员工的认可，能不能让员工真正的信服和敬仰。

一位光明磊落、深受群众爱戴的领导干部曾经这样说过："为官不要自觉高人三等，而应自觉低人三等。"如果领导者不摆官架子，才能更深入民心。

无论是在军分区还是地方，刘孟合从不摆"官架子”，为人行事“平民化”，在工作生活中没有那么多讲究。

刘孟合对吃和穿，从不讲究。一碗面条或者羊肉泡馍就是一顿饭。他到军分区工作后第一次下基层检查工作，吃晚饭时，人武部的同志说：“饭已经在酒店安排好了。”他黑着脸说：“想留我吃饭就在内部食堂里，你们吃啥我吃啥。”2001年底，他带着人武部部长到兄弟单位学习取经，中途要吃顿午饭，部长们吵着让刘司令员请客。他说：“我请客可以，一人一碗羊肉泡馍，饼随便吃，羊肉每人二两。”几位部长开玩笑说：“我们无所谓，你司令员不怕掉价就行。”他说：“想想豫西这儿的老百姓吃的是什么，七荤八素的你还能咽得下去？”

他平时基本穿军装，业余时间偶尔换上便服，下身仍然是军裤。如果到村里去，穿的肯定是胶鞋或布鞋。他认为，领导干部还是朴素一些好，尽量别从穿着打扮上就和群众远远拉开了距离。

下基层时，他给自己定了三条原则：一是轻车简从，一般除了司机就是一两个机关人员；二是不打招呼，免得对方忙于准备接待；三是一步到位，县、乡两级能不打扰的就不打扰。他说：“这样做有利于多多了解真实情况，也能让机关同志集中精力干自己的事。”

作为军分区司令员、市委常委，刘孟合在当地也是个“人物”。不少人想与他有些来往、建立些联系。他的原则是，正常交往可以，庸俗关系不搞。所以大家私下里议论：“老连长还是那个样，官越大越能守得住自己。”

越是官大的领导，越是能够走到群众中去，他们从不摆官架子，在群众心目中留下了一个好印象。

民间有句谚语说："低头的稻穗，昂头的稗子。"越成熟、饱满的稻穗，头垂得越低。只有那些果实空空如也的稗子，才会显得招摇，始终把头抬得老高。这里的低头实际上就是一种谦虚的人生态度，一种真正懂得了做人处世的意义后表现出来的态度。

低调的领导没有领导的所谓姿态，更不会端领导的架子。他不仅不把自己当领导，还没有"我的""你的"的概念，他总用"其实不是员工们在为我工作，而是我和他们共同为大家工作"的思想去思考问题。他的公司里，每个员工都有自己的梦想和追求，他绝对不会用某个框框去限制大家，反而尽最大可能去鼓励他们发挥自己的创造力。

低调的领导从不轻易得罪员工，从不对员工说一句苛刻的话。即使是员工错了，他也会平心静气地与员工一起研究解决，更不会去抓谁的小辫子，或去打击直言进谏的人。当员工说"领导，我觉得你提的某某建议不是很可行，我们建议……"时，他会十分兴奋地告诉员工："好吧，这事你直接负责，就照你说的去做吧。当然，如果在做之前你能考虑一下我的建议，也许会更好些。"

心经点拨

领导的权威不是靠端架子、摆威仪和树立自己威信得来的，这样做最后只能成为孤家寡人，不得人心。

站着开会效率更高

在一个实验中，心理学家召集了555个人，平均分为111组，目的是让他们针对细节描述详细的实际问题，找出最恰当的解决方法。

各小组在配有白板和各类彩笔的会议室内完成任务。其中，一半的会议室配有桌子和足够数量的椅子，另一半会议室不配备桌椅，必须站着开会。会议没有时间限制。

试验得出的结果极富启示性：无桌椅的会议室中会议进行了9分钟即宣告结束，而配备桌椅的会议室中会议持续了13分钟。前者几乎节约了1／3的时间！

更令人惊叹的是，时间的减少并未影响到工作质量，站着与坐着开会的研究成果不相伯仲。而且，会议的条件并未影响到与会者的情绪：散会后，两类会议的参与者均表示团队的决策与团结一致的精神令自已非常满意。

实验告诉我们，会议的舒适度并不会影响与会人员的决策质量，站着开会往往能够节约开会的时间。

当然，实验中会议的持续时间较短，这说明：在紧急情况下会议的舒适度变得无关紧要了，与会者必须迅速做出反应，椅子的有无并不妨碍他们思考。

有人总结说，开会已成为当代职场常见的工作状态和沟通传递信息的重要方式之一。企业外部有开不完的大会小会，公司内部更有必不可少的高层会议、部门会议、员工会议等，如何使会议高效、省时，对于提升管理水平来说十分重要。

有专家认为，对于企业来说，除了人、财、物外，时间也是管理要素。美国管理学会认为，在某些情况下，时间资源所获得的收益，比资本和劳动力两项资源所能获得的收益可能要大得多、重要得多。

日本的许多企业就非常看重时间资源。对于开会，他们最讲究开会效率，坚决不开无用的会。他们每次开会之前，都会把本次会议的成本、多少人参加、开多长时间、每小时工时费用等，张贴在会议室里，使主持会议的人和参加会议的人心中有数，以便开短会、高效率的会，不说废话。

日本的会议室不像我国的这么舒适，而是十分简陋，不但无烟无茶，而且没有椅子，开会的人都站着开。其目的是要用简陋的条件控制会议的长度，管理时间资源，提高开会的效率。从会议室搬走椅子，禁止使用“大概……吧”这样的表达方式，其效果非常明显：以前需要开 16 个小时的经营会议，现在仅仅用 4 ~ 6 个小时就开完了，缩短了 75％的会议时间。要是再快一点，会议在上午就能结束。研究表明，不论是站立还是坐着，灵感本身没有什么不同，但是就出现灵感的速度而言，站着的速度能快 30%。佳能、三星公司以及很多成功的跨国企业也在流行站着开会。虽然会议时间大幅度缩短了，但是改革后的佳能电子发言数量有明显的提高。

那么，为什么站着开会效率比较高、人们得出结论比较快呢？

大家或许都有这样的经历，一直坐着开会容易犯困。午饭后开会，基本上就是和睡魔做斗争的过程。但是如果站着开会，就会产生紧张感，没有机会打瞌睡，如果打瞌睡当场就会站不住。

而且，站着容易让人感觉无聊，反而会踊跃地提出问题和建议，这样得出结论也就快了。

此外，足底是人的第二个心脏，站着的时候足底会受到刺激，使大脑也得到了激活。因此站着开会能提高人的注意力集中程度。

但是有人有这样的疑问："难道站着开会不累吗？"对此，佳能的社长酒卷久的回答是："站着不动，确实比较累，所以请尽量减少腰部和腿部的负担，尽可能地找一个舒服的姿势，动动脚部的位置。这样站着开会就不会太累，比起东倒西歪地一直坐在椅子上，疲劳感会减少很多。"

还有些医疗专家指出，站着开会对职工的健康是有好处的。长期在办公室工作的人常常遭受慢性颈痛、腰痛、腿痛的折磨，站着开会正好能消除坐姿疲劳，放松僵硬的肌肉，改善颈、腰、腿疼等毛病。

心经点拨

站着开会是一个很不错的建议，不过在实施过程中有些难度。

得寸进尺效应

心理学上曾讲到一种登门槛效应，又被称作得寸进尺效应，是指一个人一旦接受了别人一个微不足道的要求，从认知上就会觉得很不协调，总想保持前后一致，这样很有可能会接受更大的要求。就像登门槛时要一级一级台阶地向上走，一步一步来更容易顺利地登上高处。

心理学认为，大多数情况下，人们都不愿接受较高难度的要求，因为费时费力，比较难达到目的；相反，人们总是愿意接受那些较易完成的要求，实现了较小的要求后，才会慢慢接受较大的要求。《菜根谭》有云："攻之恶勿太严，要思其堪受；教人之善勿太高，当使人可从。"说的就是这个道理，也就是所谓的"登门槛效应"。

在彼得·尤伯罗斯担任主办第23届洛杉矶奥运会的重任时，他面临着一个非常重要的问题：必须把奥运会有关项目的赞助权销售出去，才能获得资金筹备奥运会。如果这些"赞助权"不能被成功销售出去，或者销售费用太低，那么洛杉矶奥运会的顺利举行将会受到严重掣肘。

为此，尤伯罗斯在饮料业赞助商投标时，设置了自己的心理底线——1400万美元，给媒体行业的电视转播权投标时，他又定了2亿美元的天价。在当时，这些价格都是前所未有的，当得知尤伯罗斯确定这样的价格底线时，很多商家都表示要坚决地退避三舍。可是尤伯罗斯知道，很多商家的声明都是一种策略，没有一个商家不希望自己能够获得奥运会的赞助权，只要他们有这样的实力，就一定会认真考虑的。

带着这些令人咋舌的价格底线，尤伯罗斯一次又一次地与各个行业的商业巨头在谈判桌上进行沟通。他表现得相当灵活，但是每当涉及投标价格的讨论时，他都表现得相当坚决，到后来，他甚至在价格方面已经不做任何解释了。

结果，他从可口可乐公司那里得到了1260万美元，从美国广播公司那里得到了2.25亿美元。

如果销售人员通过充分的准备工作，事先确定了一个合理的底线，那么在与客户沟通时就会摆脱被动局面，从而有效实现自身利益和公司利润，这也就是常说的“登门槛效应”。

在销售活动中，你也能经常看到这样的现象，一个顾客本来不愿意购买你的产品，但是你可以先给他介绍一下这个产品或者给他一些小恩惠，让他对这个产品产生浓厚的兴趣，一步一步攻破他的心理防线，这样，就会很容易实现你的销售目的。

当一个客户接受了你的要求，而且是很愉快地接受，再想拒绝你，他就会变得很不好意思。如果你的要求很合理，在价格上能让他接受，顾客一般不会拒绝你，他会想“反正都已经买了，再买点也没什么”，于是，“登门槛效应”再一次帮你达成了目的！

心经点拨

掌握“登门槛效应”，可以让管理者掌握销售人员和客户的心理底线，在制定销售策略的时候有一个相应的参考。

创新

创新思维的基本要素

一个高财商的创富者，不一定是各方面都很出色的人，但绝对是敢于创新、乐于创新的人。无论是个人还是组织，从事创新活动总得有一定的基础，即所谓的要素。这些要素是构成创新能力的基石，若缺乏它们，创新无异于空中楼阁。

概括而言，这些要素主要包括以下各项：

创造性素质

除了心态与知识基础外，我们的创新能力还建立在一定的素质上，可以将它们统一地称为创新素质。主要有下列内容：

1. 敏锐的观察力

创新总需要观察，对象包括传统事物的优点及缺陷、人们过去及现在的需求、时代的发展变化等。世间万物纷繁复杂，有的是众物一相，有的是一物众相，并不是轻易就能看清楚的。人们只有培养自己敏锐的观察力，洞悉事物的本质，才能抓住创新的核心。因为，大多数时候，仅仅看到外围的变动是不能发现事物的本质的。而敏锐的观察力的培养，需要我们养成留心的好习惯，对生活中的细节认真分析、勤加思考，经常问几个为什么，不要人云亦云、随波逐流。实践表明，创新的灵感常常来源于平淡的生活。

2. 持续的思考力

蜻蜓点水式的思考不足以解决问题。当我们面临一个难题时，要解决它，离不开辛苦的思考。坚持不懈、目标专一的思考，会使我们的注意力聚焦在一个问题上，而注意力和思考的集中有利于产生成功的创新。投机取巧的想法只会害了我们自己。当然，持续思考并不是说一天到晚就“钻”进问题里，其实，这样反而容易钻进死胡同，把路越走越窄，给思考造成巨大的阻碍。

3. 善于把握时机

凡事总讲究“天时、地利、人和”，时机恰当，做事便事半功倍。创新更是如此，如果创新基础不够，比如说技术水平达不到要求，创新极难成功。好比在没有发达的电学、机械设计及材料说明的情况下，想制造出飞机，把人送上天，岂不是天方夜谭？我们心里要常有个“欲速则不达”的警戒线，不能全凭自己的意愿去打算。创新成功与否要看客观条件的限制，我们总不能拽着自己的头发上天。因此，对时机的估量、判断和把握就成为成功创新的重要条件。

个性风格

大凡富有创造力的人，总会体现出一定的特殊个性或风格，从一定意义上来说，这种特性是创新力的基石之一。简单地说，它们主要指的是：

1. 善于思考、勤于思考

思考是创造的前提，不能正确、认真地思考，点子、思想会凭空而降吗？思考并不是一件容易的事，我们许多人都有创造的良好基础，但是并没有成为此中高手，能否进行思考是极其重要的因素。其实，懒惰不仅指身体，而且也指精神。想想看，有多少人曾为打电话时一不留神就超出了许多时间而苦恼，可是没有一个人像那位发明新式沙漏计时的日本商人一样，认真思考是否有办法解决这个问题，或许有人想过，但是没能深入下去，或者没能将它推广，丧失了大好机会。心理学家把精神上的懒惰视为人类最大的疾病，曾有一本非常流行的畅销通俗心理学书《你的误区》，专门讨论了精神懒惰对人进步与发展的阻碍。的确，太多的时候，太多的人，总是说，一切照旧吧，虽然不是很好，但凑合着也能过。于是，许多原本可以创新的时机白白溜走了。从某种程度上说，思想的懒惰比身体的懒惰更加可怕，因为，它使人类限于保守和固执，丧失了创新的激情与时机。

2. 敏于观察、勇于实践

创新总是起源于一定的机缘，或许来自于生活的细枝末节，或许来自于某个点子的启示，如果没有敏锐的观察力，又怎能抓住这些能让人产生灵感的时机呢？敏锐的观察力是与思想上的勤奋以及良好的思考习惯密切相连的。就像中国有名的“谭木匠”梳子一样，如果创始人没有意识到人们追求健康时代的到来，同时没有注意黄杨木梳的优点，又怎么能化腐朽为神奇，创造出如此骄人的成绩呢？当然，除此之外，实践力的强弱与创新的关系同样密切，一个整日空想的人，所做出的创新往往经不起生活的风吹雨打，而在实践中败北。所有的成功创新者都不是空想家，不管当时他们的想法有多离奇或者古怪，他们总不会待在实验室或者屋子里发愣，而是会进行实践。最简单的例子便是一些实用性的发明创造。像莱特兄弟发明飞机时，人们都以为他们发了疯，他们勇敢地进行实践，在历经无数次的失败后，终于成功了。

3. 积极进取、标新立异

保守、固执不是创造性人才的特征，尤其是在这个快速变化的时代，创新更是日新月异。只有积极进取、勇于求新的人，才敢于放弃许多现存的东西，从而寻求更新、更独特的解决问题的途径，而且他们从不会被旧思想缚住手脚、遮掩住视野。谁都知道，创新就如同从荆棘中踩出一条小道一样，不仅有痛苦、困难，而且有非常高的风险。所以，敢于创新者首先是一个勇士。他们要能够承担人们的误解和嘲笑，要面对资金不足等无数的困难，要勇于承受创新过程中因失败所带来的心理痛苦和社会创伤。其次，敢于创新者一定是一个对世界和生活满怀热情的人，我们很难想象一个对世界充满悲观主义看法、对生活心灰意冷的人，会充满激情地去进行创造。因为，创新意味着一种对事物的关怀，意味着对世界的好奇，意味着对人的能力的相信。最后，敢于创新的人应该是一个乐观者。他相信人类的进步和发展，相信我们用自己的双手可以将这颗蔚蓝色的星球建设得更加美丽，相信创新比守旧好。因此，敢于创新者是人类的强者。

正确的思考问题的方式

一个人认识世界乃至于改造世界，总是需要先进行思考。有的人能够想出解决问题的方法，有的人却一无所得或者常常失败，这多半就是思考方法正确与否的问题了。

1. 正确的世界观

一个人如何看待世界、宇宙、人生，往往跟他的思维结果密切相关。一个虔诚的宗教信奉者，他不会怀疑神的存在，在面对困难的时候，他也许会认为这是神的意志，应该忍受。又假如一个人是典型的悲观主义者，那么，他在面临问题时，常常会采取消极等待的态度，而不是积极改造世界。所以，通常来说，健康、积极、正确的世界观，应该是自立自信、勇于探索、冷静思考、相信人类的主观能动性、采取改造世界而不是纯粹顺从的态度的世界观。正如我们都非常熟悉的两个推销员与不穿鞋的岛国的故事一样，同样的环境、同样的问题，却因为当事人不同，当事人的世界观不同而使结果出现了巨大的差别。

2. 系统论的思考方法

世界是一个联系的整体，每个人都身处于千丝万缕的相互联系中，系统论的中心就是让人全面、完整、多角度地看待世界，这与中国古代思想家的观点不谋而合。当我们在思考问题时，应当注意采用系统的方法来应付困境。一个难题的解决多半不是单向的、单维度的。因此，我们必须从多角度、多层次、多方向来提出相应的对策。一项创新很少是因为单纯的一两个方面的成功就可以成功的，就算仅仅是一个广告创意，也需要了解市场趋向、文化背景、社会心态、产品特性。不系统地思考问题，往往会导致失败的结果。如同可口可乐公司20世纪80年代的创意一样，以为推出新产品就能满足人们的需要，没想到适得其反。

3. 良好的思维习惯

思考是一项艰苦的脑力劳动，如果想获得问题的答案，势必得付出相应的努力。在这一过程中，良好的思维习惯是必需的。它包括面对问题、分析问题、抓住矛盾、思考对策等步骤。具有高强思维能力的人，一般有良好的思维习惯，因为程序化的思考推理往往更有效率并且容易得出正确的结论。

4. 正确及有效的思维方式

思维的方式有许多种，包括联想、想象、灵感和直觉等。在处理不同的问题时，它们往往有不同的作用。在解决一个问题时，多种思维方式的交叉使用也是很常见的。当我们判断一种思维方式是否正确时，仅仅是针对某一具体问题而言，看处理这个问题，这种方式是不是非常有效，而不是说思维方式本身有对错之分。在成年人当中，因为长期理性化的生活和固定模式的思考，极容易形成思维定式，即在思考问题时，常常遵循固定的思考途径、固定的思考程序、固定的思维方向，比较僵化。这一情况就是人们常说的失去了思考的灵性或者说魅力。所以，创新需要的思维往往是多角度、多层次、多方向的，经常是从与众不同的地方出发，处理问题的策略也是不同的。

心经点拨

创新思维是帮你获得财富的原动力，创新思维能提升传统思维，发挥新的更多的作用，创新思维具备强大的生命力。

激活脑细胞，发散思维挣大钱

用脑赚钱就是用智慧赚钱。当今的市场经济社会，已经进入高速发展的阶段。人类经过数千年的爬行，如今开始进入飞翔时代。谁能飞得更高、更远，这都与蛮力无关。只有弃直线思维取发散思维，以“活”赚钱，才能脱颖而出，最后一飞冲天。

每个人都有一个大脑，两个半球，即左半球和右半球。每个人都有数量差不多的脑细胞，可是很多人四肢发达，头脑简单，说话直肠子，思维一条线，只知道一加一等于二，就是明白不了三减一也等于二；只知道一个月是 30 天，半个月是多少天很让他们费解。很多人一条道走到黑，不知变更；很多人只认死理，不认活理；很多人的思维是呆板的，僵硬的，不知变通的。

面对同一个问题，不同的人会采用不同的方法，自然也会产生不同的结果。

当一艘船开始下沉时，几位来自不同国家的商人还在谈判，根本不知道将要发生什么事。船长命令他的大副：“去告诉这些人穿上救生衣跳到水里去。”

几分钟后，大副回来报告：“他们不往下跳。”

“我去看看。”船长说着，就走出去了。

不一会儿，船长回来说：“他们都跳下去了。”

大副很惊讶：“我一个劲儿地跟他们说船要沉了，让他们快点跳下水，可是说了半天没有一个人理我。为什么你一去他们就跳了呢？”

“我运用了心理学，”船长说，“我对英国人说，那是一项体育锻炼，于是他跳下去了；我对法国人说，那是一件很潇洒的事；对德国人说那是命令；对意大利人说，那是不被基督所禁止的；对苏联人说，那是革命行动，然后他们就一个接一个地跳了。”

“那美国人呢，您是怎么让美国人跳的呢？”

“我对他们说，他们都被买过保险了。”

可见，有的人习惯直线思维，有的人擅长发散思维。用常规方法做不到的，变通一下思维。用灵活的方法去追求财富会事半功倍，否则只会事倍功半。

商场上流行着一个风和木桶定律，说的是风和木桶虽然“风马牛不相及”，但通过下面的推理，却可以建立联系。

（1）风吹云卷，尘土飞扬；

（2）得眼病的人增多，盲人也随之增多；

（3）盲人增多，则弹三弦琴的人也会增多（古代许多盲人以弹三弦琴谋生）；

（4）三弦琴很畅销，必须有充分的猫皮供应；

（5）猫的数量因而锐减；

（6）猫一减少，老鼠便增加；

（7）老鼠一多，会咬坏洗澡的木桶，必须找师傅补；

（8）修补桶的师傅因不断上门的生意而赚大钱。

上面风和木桶的推理虽然有些夸张，但它的核心——运用发散思维，以“活”制胜，在商场上却是屡试不爽。

假如你是卖豆子的商贩，豆子卖得动，直接赚钱当然最好。如果豆子滞销的话怎么办？首先，可以考虑将豆子沤成豆瓣卖，假如豆瓣也卖不动，那就将豆瓣腌成豆豉，如果豆豉还是卖不动，就将豆豉加水发酵，制作成豆酱油，然后改卖豆酱油。其次，可以将豆子磨成豆腐卖，如果豆腐不小心做硬了，改卖豆腐干；如果豆腐不小心做稀了，改卖豆腐花；如果实在太稀了，就改卖豆浆；如果豆腐卖不动，搁点调料，放上几天，变成臭豆腐卖；如果还卖不出去，让它长毛彻底腐烂后，改卖豆腐乳。最后，可以让豆子发芽，改卖豆芽；如果豆芽卖不动，让它再长大点，改卖豆苗；如果豆苗还是卖不动，干脆再让它长大些，当作盆栽卖。而且，为了卖得好，还给它起一个很时尚的名字——豆蔻年华。

简单的豆子，居然可以折腾出这么多销售方式，这就是发散思维催生的奇效。要想致富，必须运用发散思维，不断地变换解决问题的角度，思考解决问题的最新方法。针对同一个问题，沿着不同的方向去思考，在思考中，不墨守成规，不拘泥于传统，不受已有知识的束缚，不设固定的范围和局限，这样才能探求出不同的、特异的解决问题的方法。

发散思维并非人天生的，它来源于平日里人们对事物的观察、对信息的留心，并有意识地培养自己发散性的思维方式。发散思维训练要注意提高思维的流畅性、变通性和灵活性。

思维的流畅性是指一定时间内产生观念的多少。一个人对某一问题产生反应性的概念和构想很多，说明其思维具有流畅性。思维的变通性是指所产生的观念的不同类别。不同的类别越多，变通性就越高。

心经点拨

激活管理者的发散思维，打开思路，拓宽致富道路，让你的财富之路越走越远。

奇思妙想赢得成功

成功需要突发奇想。其实，世界上许多成功的事例都来源于偶然的灵感，并善于抓住这一灵感，耐克的成功也源于此。

1975 年的一天早晨，鲍尔曼做饭时，突然发现用带有凹凸的小方块铁板压出来的饼，不但味道好，而且很有弹性。这立刻引起他的联想：如果依照做饼的方法，把烤过的橡胶放上去压一压，然后钉在鞋子下面，鞋子的弹性会不会特别好？鲍尔曼马上拿了一个烘蛋奶饼的铁模和一些橡胶做起了实验。当他把压出来的橡胶钉在太太的鞋上时，太太走起路来感到非常舒服。实验的结果令鲍尔曼夫妇兴奋不已。接着，鲍尔曼把这种新发现用于运动鞋的改进上，设计了一种新型的鞋底，这种鞋既防潮又有弹性，受到人们的普遍欢迎。

作为运动鞋业的后起之秀，耐克全盘效仿了阿迪达斯的生产和营销方式，依靠不断提高的产品质量，很快在体育界打响了名号。

对新产品的精心研制使耐克公司始终处于行业之首，最近十年来，耐克雇用了将近 100 人进入公司的研制部门，140 多种不同类型的鞋走上了生产线，其中一些最新款式和技术先进的类型在销售市场上名列前茅。根据不同的脚形、体重、奔跑速度、训练计划、性别和不同的技术水平设计的模型样式很多。到1982年，耐克在世界范围内的销售额已占到全球市场的百分之五十，真正成了鞋业的盟主。

商场中的“奇正”之术核心是开拓创新。比如工艺流程、设备原料可以称为“正”，而各种计划、宣传、经营手段则谓之“奇”，只有靠灵活多样、出奇制胜的经营之术，才能在竞争中取胜。

日本索尼公司是第二次世界大战后崛起的大制造商。它的成功秘诀就是善用灵感。索尼的创始人盛田昭夫说：“我们的理念是，不跟在别人后面，不跟别人做同样的事。”所以，索尼能开发出许多具有创意的独特产品。例如，随身听、Betamax录像机、激光唱片等，都是索尼突破旧传统，走在时代尖端的产品。

盛田昭夫开发“随身听”，有一段脍炙人口的故事。有一天，盛田昭夫看到他那位好拍档井深大提着一架笨重的录音机，戴着耳机迎面走来。盛田昭夫问道：“你这是怎么回事？”井深大回答：“我喜欢听音乐，但又不愿意吵到别人，所以只好戴上耳机。我不能整天待在自己房间里，只好提着录音机到处跑啦！”

盛田昭夫的灵感突然被这话触动，新产品“随身听”的构想就此萌芽了。据盛田昭夫最初构想，是要设计一种迷你型的录放音机，就能方便人们提着到处听。

设计的难点在于把放音部分缩小。因为录音部分的零件较小，只要放音部分零件缩小的问题解决了，配上录音装置，全世界最小的录放音机即可问世。

研究人员完成放音机的缩小设计后，戴上耳机试音，结果意外地发现声音非常美妙，于是索尼公司决定将这种放音机推向市场。1979 年夏天，以年轻人为对象的时髦产品“随身听”推出了，一上市就大为轰动。原来索尼公司计划部预估一年卖不到 10 万部，结果一年售出了 400 万部，盛田昭夫也因此博得了“随身听先生”的雅号。

在社会群体中，商人是极富创意的一族。往往就是那么一点火花，那么一点改革，就能带来意想不到的金钱效应。有人称“鸳鸯火锅”是最简单的“创意”、最赚钱的“变革”，是很有道理的。依旧是那样的一口铝锅，不过中间加上一道弧形的“隔”，使之呈现八卦形状，这边是红汤（放辣椒），那边是清汤，食客尽可各取所需。这样的火锅在今天的中国内地乃至日本、东南亚都不鲜见。“鸳鸯火锅”所包含的“创意”事实上只在一念之间：“有人吃辣，有人不吃辣”，但正因为没有抹掉这一观念，具有悠长历史传统的“重庆火锅”才得以重新焕发活力，并迅速渗入几个“久攻不下”的市场，如上海、广州等地。

生意与创意只有一字之差，但创意对生意的作用却不可低估。从一定意义上说，创意的成效直接关系到生意的成败。

在美国加利福尼亚州，有个名叫基利的人，身材矮小，但志气却不小。他与友人合伙经营的“世界上最小型糖果店”业务一日好于一日，据估计，他的小店 1988 年的盈利是 5000 万美元。基利天生只有 3 尺 6 寸。一天，他在街上邂逅一位知己。这位 6 尺高、400 磅重的高大胖子向基利建议：利用自己的身体特点，开办世界上最小型的食品店，经营糖果、糕点生意。基利听后被启发了“灵感”，就鼓动这位“大”朋友和他一块儿干，二人一拍即合。经过 18 个月的充分准备，“世界上最小型糖果店”在加州开张了。人们纷纷涌来购买这“仅此一家，别无分号”的糖果，有的甚至专程赶来看看这一对奇妙的搭档。人们常常被这对“大小”朋友幽默风趣的经营风格所吸引，流连忘返。

1980 年，英国人基特·威廉姆斯创作出版了一本名为《化装舞会》的儿童读物，让小读者根据书中的文字和图画猜出一件“宝物”的埋藏地点。“宝物”是一枚制作极为精巧、价格高昂的金质兔。该书出版后，俨如一阵旋风，不但数以万计的青少年，就连各阶层的成年人也怀着浓厚的兴趣，按自己在书中得到的启示，在英国各地寻宝。历时两年多，人们在英国的土地上留下了无数被挖掘的洞穴。最后，一位 48 岁的工程师在位于伦敦西北的浅德福希尔村发现了这枚金兔，一场群众探宝的运动才宣告结束，而这时《化装舞会》已销售了 200 多万册。

《孙子兵法·势篇》中说：“故善出奇者，无穷如天地，不竭如江河。”意思是说，大凡打仗，一般都是用正兵抗敌，用奇兵取胜，所以善于出奇制胜的将帅，其战法像天地那样变化无穷，像江河那样奔流不止。出奇制胜就是作战时用奇兵奇计，出其不意，战胜敌人，获取胜利。战场与商场虽不尽相同，但是高明的企业家也独具慧眼，能在生产经营中先知先行，想同行之所未想，为对手之所不能，出奇无穷，使经济实力蒸蒸日上。相反，你能人亦能，你有人亦有，满足于一般经营，习惯于传统的管理，则有倒闭破产的危险。

心经点拨

不断推陈出新，根据市场需要，采用先进的生产技术，立足于市场的实际需要来发展企业，壮大企业。

巧避热门，剑走偏锋

经营需要机遇。机遇特征越明显，追逐的人就越多，对获得机遇效益的期望值就越高，追逐的方向和目标就越集中，从而形成一股巨大的“目标流”，也往往会出现“一哄而上”的局面。这就给企业带来竞争，使取得最后成功的难度增大。

聪明的商人，往往放弃这种众矢之的的第一目标，去捕捉被人们忽略了的、伴随明显机遇而来的第二目标，以满足市场需求中的次生需求。而这种“第二目标”“次生需求”，实际和第一目标之间有着直接的关系，往往是因为第一目标成为热门之后，随之产生并且为之服务的，因而属于第一目标的派生机遇。打一个比方，如果种苹果成为一本万利的生意，那么一定有很多人将资金投入苹果种植业，这个行业将很快成为热门，也就是人们追求的“第一目标”，而伴随这个热门产生的一些服务性行业，比如卖种树用的铁铲，就属于为了实现第一目标而产生的次生需求，如果发掘这个商机，就是追求“第二目标”，而这个第二目标，是由人们对第一目标的追求所产生的派生机遇。

避开最热门的第一目标，而对派生机遇下功夫，这就是“舍金求玉”的经营策略，它旨在避开第一目标，着力服务于第二目标，取人之舍，独得其利。其实质是经营方向的战略转移。经营决策者在运筹时，跳出传统观念和“流行想法”，克服自身的“知觉障碍”，挖掘新的市场潜力。

19 世纪，美国加利福尼亚州出现了一股淘金热潮，这是一个目标明显的机遇，成为许多人追逐的第一目标。当时年仅 17 岁的小农夫亚摩尔也准备去碰碰运气。他穷得买不起船票，跟着大篷车风餐露宿奔向加州。亚摩尔在加州没有因为挖金矿而发财，却以卖凉水赚了钱。原来，矿山里气候干燥，水源奇缺，找金矿的人最痛苦的事情就是没有水喝。饮水这个需要是伴随第一目标出现的。许多人一边寻找金矿，一边抱怨：“要是有一壶凉水，我就给他一块金币。”后来，由于没有水喝，有人甚至说：“谁要是让我痛饮一顿，老子就算出两个金币报答他也无所谓。”这些找矿人的牢骚，给了亚摩尔一个非常有用的信息。他想，如果卖水给找金矿的人喝，也许比找金子赚钱更快。于是，他毅然放弃了找金矿这个第一目标，转而开始向第二目标努力。他开始挖水渠引水，经过过滤，变成清凉可口的饮用水，把水装进桶里、壶里，卖给找金矿的人们。当时还有不少人嘲笑他，说大家来加州是为了找金子发大财，干这种蝇头小利的生意何必背井离乡跑到加州来。亚摩尔并不在意别人的冷言冷语，继续卖他的饮用水。在很短的时间里，他赚到了6000美元。这在当时是很可观的，许多人因为找不到金矿而忍饥挨饿流落他乡，亚摩尔却成了一个小小的富翁。

这个例子说明，机遇目标明显，吸引人们的注意力，众人逐鹿求利之中，往往会伴随与明显的机遇同时产生的派生机遇。二者同时存在，派生的机遇依靠明显的机遇而产生和发展，并为众人追逐的“目标流”服务，只要第一目标存在，这种伴随而来的经营就一定会成功。舍金求玉，不得金而得玉，因地制宜，因时制宜，也是一种不可轻视的经营策略，关键在于超出常人的眼光和胆略。

现代快节奏生活如逆水行舟，但在经营中有时候需要以退为进，退一步海阔天空。

当投资者迷惑不前的时候，当企业陷入泥潭的时候，置之死地而后生的手段，往往在那些看起来无利可图的买卖中。

谁都知道，经商的经济目的，就是为了获得利益的最大化，这不但已经被称为从商者的一个定律，而且也成为经济学中一个不言自明的定律。但是，如果真的有人把眼光投向无利可图的行业进行发展，你会如何看待这种问题呢？实际上，没有任何一个行业是无利可图的，除了公益性的义务志愿服务外，一切的经营活动都可以产生利润。人们认为某一行业无利可图，只不过是人们的常识中觉得如此，或者可以说是人们经商观念中的盲点。所以，一旦突破了对盲点的认识而投身其中，自然大有作为。

心经点拨

避开热门，走另一条蹊径，这也是取得最后成功的重要手段。在经营方向进行战略转移时，经营决策者敢于跳出传统观念并挖掘新的市场潜力。

心理学与成功

成功人人都想，但不是人人都能做到。成功心理学为你的人生打开新的篇章，扬长避短，找到自己的短板和长处，做一个傲视天下的成功者！

目标管理

期望与成就成正比

很多人都渴望成功，而成功的不二法门就是你积极地期望它的到来。如果希望一劳永逸，做事浅尝辄止，你很可能一事无成。

心理学家通过研究人的心理，了解到这样一个规律：当我们对某一事物怀着非常强烈的期望时，它就会出现。这也就是我们常说的期望定律。

在美国西雅图的一所著名教堂里，有一位德高望重的牧师——戴尔·泰勒。一天，他向班里的学生郑重其事地承诺：谁要是能背出《圣经·马太福音》中第五章到第七章的全部内容，就邀请他去西雅图的“太空针”高塔餐厅参加免费聚餐会。

《圣经·马太福音》中第五章到第七章的全部内容有几万字，而且不押韵，要背诵其全文无疑有相当大的难度。尽管参加免费聚餐会是许多学生梦寐以求的事情，但是几乎所有的人都浅尝辄止，望而却步了，他们不再期望那个免费的聚餐会，而是花时间享受眼下的舒适或打发无聊的时间。

几天后，班上一个11岁的男孩胸有成竹地站在泰勒牧师的面前，从头到尾地按要求把《圣经·马太福音》第五章到第七章的内容背诵下来，竟然一字不漏，没出一点差错，而且到了最后，简直成了声情并茂的朗诵。

泰勒牧师比别人更清楚，就是在成年的信徒中，能背诵这些篇幅的人也是罕见的，何况是一个孩子。泰勒牧师在赞叹男孩那惊人记忆力的同时，不禁好奇地问："你为什么能背下这么长的文字呢？"

这个男孩不假思索地回答道："我竭尽全力去背，因为我十分期待那免费的聚餐会。"

16年后，这个男孩成了世界著名软件公司的老板，他就是比尔·盖茨。

人在心里对自己有多大的期望，就会带动自己取得多大的成就。很多时候，并不是你不能取得较大的突破，而是你的心早就被自己禁锢住了，不敢奢望过多。

张德培是历史上最年轻的网球男单冠军。当年，这个不满20岁的黄皮肤小伙子在巴黎成为法国网球公开赛男单冠军的时候，整个球场为之沸腾了，他也成为第一个在这里获得冠军的华裔选手。在其后16年的网球生涯里，他一共赢得34个冠军和近2000万美元奖金，并在1996年年终的ATP男单总排名榜上名列第2位。这一切成绩的取得，和他对自己的期望和激励有着重要的关系。

据专家分析，张德培的身体条件并不适合网球运动。他一米七五的身高，即便放到女选手中也只算是中等，再加上亚洲人先天性的力量不足，使他在高手如林的男子网坛显得十分单薄。为了取得理想的成绩，体格的缺陷迫使他必须要用速度和坚忍的意志来弥补弱势，但没有捷径，只能依靠超出常人的刻苦训练。于是日复一日，年复一年，人们看到这名黄皮肤的小伙子从来不给自己放假。当桑普拉斯躺在希腊海滩上晒太阳时，当阿加西赴拉斯维加斯观看拳击比赛时，张德培都是在球场上训练，他从未减少对自己的期望。

训练的过程是极其艰苦的，但他坚持了下来！在此后的十余年里，张德培凭借灵活的脚步和不懈的跑动，运用娴熟的底线技术与对手周旋，一有机会就击出大角度的回球置对手于死地，在男子网坛杀出了一片属于自己的天地。

心理学家称，人的潜力无穷，能否最大限度地挖掘这些潜能，关键在于是否善于强迫自己、经营自己、期望自己。希望成功，必须加倍努力，只有不懈努力，才会有丰厚的收获。成功人士有一点是相同的，那就是他们对自己的期望值永远比别人高。

心理学家说，那些取得一番成就的人，无疑不是在同一个问题面前坚持到最后的人。他们的这种坚持，来源于对成功强烈的期盼，他们幻想着目标达成后的收获和喜悦，因此，也就能尽最大可能排除一切困难，让自己竭尽全力地去尝试。

你的人生取决于你所做的决定，取决于你做事的态度。不管你现在的境遇怎样，命运都会从你决定竭尽全力去奋斗的那一刻起开始改变。在生活中，并不是大多数人命里注定不能成为大人物，而是他们从来没有期待自己有一天会成为大人物。

心经点拨

对成功的期望值决定着日后你的最终高度，尽一切办法，获得最终的期待。

选择感兴趣的事情做

成功者都会选择自己真正感兴趣的事情来做。那你呢？你现在做的事情真的是你所感兴趣的吗？对这个问题的回答可能不一致，但是如果我问“你想要成功吗？”答案应该都是肯定的！没有人希望自己是失败的。

一个人想要成功，对于他所做的事情，要保有良好的态度。基本上，任何人成功都需要具备一个必要的条件，那就是良好的态度。30 年前，对完美质量的追求可以造就成功；20 年前，质量成为成功的“必要条件”；10 年前速度成了成功的因素；而在今天，质量和速度都已经成为成功的基本条件；在未来，想要在新的世界获得成功，你需要的是新的力量——“态度”。

良好的态度来自于你对你想做的事情感兴趣的程度。对于你根本不感兴趣的事，我认为，你是不能全身心投入其中的，也根本不会去想以此达到你成功的目标。人都是对自己真正感兴趣的事才会有一种热情态度，这会让你不断地摸索前进，直到成功。

福特汽车的创始人亨利·福特说过：“假如你有热情，便能做事。热情就像酵母，会使希望膨胀，直达太空。热情是闪烁在你眼中的光芒，是你轻快的步履，是你有力的握手，是你用充沛的意志和精力去达成你的理念。热情的人都是战士，他们不屈不挠，讲究质量。热情是所有事物能够推行的基础。有了热情，才会有结果。否则只是一场空谈而已。”

热情具有很强的感染力，同他人打交道时，你应该保持十足的热情，即使你的表达能力也许不佳，也能影响他人跟着你热情起来。如果缺乏热情，你的谈话就会像过期的食物一样酸臭得令人讨厌。热情能帮助你在事业上一帆风顺，财源滚滚，并可以让你享受健康、富裕、快乐的生活。

我们大多数人，在实际生活中并没有坚持自己真正感兴趣的事业，一方面不断地在埋怨自己为什么不能成功，另一方面又提不起热情来对待自己的事业。长此以往，成功只会离你越来越远。人世中的许多事，只要想做，都能做到，该克服的困难，也都能克服，不用去想是否要有什么钢铁般的意志，更不用去想什么技巧或谋略。只要一个人还在热情而有兴趣地生活着，你终究会发现，原来造物主对世事的安排，都是水到渠成的。

有些时候构想并不重要，重要的是你有没有用心去做，把你的信念和热情投入进去。并不是因为事情难我们不敢做，而是因为我们不敢做事情才变难的。调整好自己的心态，找到你真正感兴趣的事情，下一个成功的就是你。

远在400多年前的古代，交通不便，野兽出没，他就能一个人浪迹天涯30年，足迹遍及全中国，并把自己的所见所闻写成了著名的旅游地理名作——《徐霞客游记》。当时的山川河流、气候植被、风土民情都被一一记入这本古代的旅游必读书籍中。他就是明代的徐霞客。

徐霞客自幼聪慧，能出口成文，落笔成章，应该说是很有希望考取功名的，但他却不爱仕途，放下“寒窗苦读无人问，一举成名天下知”的期许，22岁背起行囊，行走在翠绿山峦与银光碧波间，一走就是30年。他所选择的正是自己感兴趣的生活。在古代那样一个束缚众多的年代，他舍弃了光宗耀祖的世俗期待，没有违背自己的意愿，热情而坚定地投入到他所感兴趣的事业，成就了横跨十四个省份的壮阔大业。

当今的年代是发展急速的年代，任何人都有可能在某一时刻找到自己的成功点，选择好自己真的认为是自我能够热情投入并且坚持的事业。想要成为百万富翁其实没有那么困难，可能在你的规划之中它就能慢慢实现。

李开复当年读大学选专业曾经走过“世俗”的道路，选择攻读法律专业，可是一年多以后他才发现自己对法律没有兴趣，但对计算机即使每天疯狂地编程也乐此不疲。

在老师的鼓励和自己审慎分析未来的成长目标后，李开复在大二时决定转入哥伦比亚大学默默无名的计算机系。现在回想起来，李开复感慨：“若不是那天的决定，今天我就不会拥有计算机领域的成就，很可能只是在美国某个小镇上做一个既不成功又不快乐的律师。”根据自己的兴趣选择一条发展道路，也许前景暂时不算明朗，但在兴趣推动下的努力最终会帮助自己守得云开见月明。

有人会说：“我整天都在忙忙碌碌地上班，从来都没有考虑过关于创业的问题，我都不知道自己对什么感兴趣了。”那么，让我们一起看一看一个简单的办法吧。

美国著名作家斯宾塞·约翰逊写的《最珍贵的礼物》书里有两个方法也许可以帮你找到你最感兴趣的事，一是假若你只有临死前的24小时，1个小时给你立遗嘱，那么另外23小时你最想要做的是什么？另一个是如果你中了100万，你想去做什么事？

心经点拨

成功的前提是选择好自己将要从事的事业，谨慎抉择自己未来的方向，做自己感兴趣的事情，这样才有动力和超越感。

成功的重要基础是确定目标

没有目标，就等于失去行动的方向。这个道理再简单不过了，但为什么有很多人总是找不到自己的目标呢？原因就在于他们缺乏确定自己目标的能力。那些成功者非常善于在行动之前通过自己的思考和判断来找到一个适合自己能力发展的目标，因为在他们看来，找到目标就等于成功了一半。

在工作中，有的人喜爱随意，“到时再说吧”，他们从来没有一个长远的计划和明确的目标，这个弱点使他们永远被拒绝在成功的门外。一个人只有先确定目标，才有成就大事的希望，才有前进的方向。

选择一个明确的主要目标，有着心理及经济两方面的理由。

一个人的行为总是与他意志中的最主要思想互相配合，这已是大家公认的一项心理学原则。特意深植在脑海中并维持不变的任何明确的主要目标，在我们下定决心要将它予以实现之际，它会渗透到整个潜意识之中，并自动地影响身体的外在行动来实现目标。

要改变自己的生活必须从培养期望做起，但只有强烈的期望还不够，还得把这种期望变成一个目标。这就是说，你应该用想象力在头脑里把目标绘成一幅直观的图画，直到它完完全全实现。俗话说：“有丰富的计划，就有丰富的人生。假如你能确立人生目标，就已经踏出成功的第一步。”

如果你的目标是想找个更好的工作，那你就必须把这一工作具体描述出来，并自我限定准备哪一天得到这份工作。你绝不能对自己说：“我希望有一个更好的工作，也许是推销员吧！”你必须用肯定的语气说：“我希望有一个更好的工作，没错，我想当推销员，我要推销某种商品。我去找叔叔谈谈吧，向他请教请教，因为他已从事好几年的推销工作了。然后我会向招聘推销员的

7个公司发送我的简历，过一个星期，我再致电每家公司，请他们替我安排一次面谈。”

如果你的目标是使家庭更加美满幸福，那你就必须确切地描述一下如何使你的婚姻状况得到改善。你必须把你所希望出现的那种美满婚姻描述出来——希望与你的妻子或丈夫更深入地沟通，把所有藏在心中的话都说出来；你为了改变生活准备采取什么行动；你们夫妻俩能一起参加某项活动；你还必须找出最有利于沟通的时间，但不能选在对方背负着沉重的工作压力刚踏进家门的时候。

美国电影演员理查·伯顿通过切身体验发现，制定一个目标是多么重要！他是一个声誉极高的演员，事业上颇有成就。可有一次他表演失败了，一时想不开，便常常喝得酩酊大醉，想以此消愁，结果“借酒消愁愁更愁”，不仅糟蹋了自己的身体，还差点毁了自己的演艺事业。

后来，伯顿在其主演的一部影片获得极大反响以后，决心要戒酒。因为他逐渐感到，由于酒喝得太多，他甚至连台词都记不住了。他说：“我很想见见与我合作过的那些演员，我知道他们的演出都十分出色，可我现在连一个镜头都回想不起来了。”

这一痛苦经历促使他产生了要改变自己生活的强烈愿望。他为自己制定了一个具体目标，就是严格地控制自己，过一种与酒告别的生活。他给自己期望的未来制定了明确的目标，甚至对与喝酒的朋友在一起会损失什么也认真考虑了一番。他明白，在漫长的人生过程中，他必须改掉一些不良习惯。他也相信，只要确定了某个具体目标，他就一定能实现它。

伯顿为自己制定了一个治疗计划，每天游泳、散步，并严禁喝酒。经过两年的努力，他终于达到了目的。他又重新组织了一个家庭，过着美满、幸福的新生活。他兴奋地说："我的工作能力完全恢复了。我发现自己的动作或思考都比酗酒时更加敏捷，精力也更充沛，脑子也转得更快了。"

伯顿成功了。所以你也应该培养自己的某些强烈的期望，并把它们转变成生活中的具体目标。

一个人若是没有明确的目标和达成这项明确目标的计划，不管他如何努力工作，都像是一艘失去方向的轮船。辛勤的工作和一颗善良的心，并不足以使一个人获得成功，因为，如果一个人并未在他心中确定他所希望的明确目标，那么，他又怎能知道他已经获得成功了呢？

一个人过去或现在的情况并不重要，将来想要获得什么成就才最重要。除非你对未来有理想，否则做不出什么大事来。

目标是对所期望成就的事业的真正决心。有目标比幻想好得多，因为它能被实现。如果一个人没有目标，就只能在人生的旅途上徘徊，永远到不了终点。

心经点拨

目标对于成功者意义非凡，具有绝对的必要性。

如果没有空气，没有人能够生存；如果没有目标，没有人能够成功。

分割整体目标，逐步完成

清楚表述未来之梦及目标之后（这会帮助你把握方向），你就可以着手制定长期和短期的目标了。目标可以用业绩表示（如推销1000件某种产品），也可以用时间表示（如每周三次，每次锻炼一个小时）。目标可以涉及人生的各个领域，这要视你想取得什么成就而定。以下举几个可能是你想制定目标的领域：

个人的发展；

身体健康方面；

专业成就；

人际关系；

家庭责任；

财务方面。

想到什么目标先写下来，开始不必判断这些目标是否能实现，也别管它们是长期的还是短期的。这个阶段重要的是有创意，有梦想。

把能想到的都写下来之后，对照你的人生目标表述检查一下，问自己两个问题：

（1）这个目标是否使我向理想迈进一步？如果你发现这些目标之中有什么与你的人生目标表述及你的理想

不相符时，你有两种选择：①把它去掉、忘掉；②重新评估你的人生目标表述，考虑改写。两者必须选其一。如果你没有制定与理想相匹配的目标，你就不可能实现自己的理想，成为成功人士。

（2）我已经记下了为实现理想必须达到的2个至5个目标了吗？这个问题能帮助你弄清定下的目标是否写齐了。如果你看到你的理想要求你达到另外几个目标，就把这几个也写下来。把目标都记下来之后，你就可以着手制定成功的战略了。

人生大目标尽可能伟大

目标愈高远，人的进步愈大。

人都会有这样的体会：当你确定只走1公里路的目标，在完成0.88公里时，便会有可能感觉到累而松懈，以为反正快达到目标了。但如果你的目标是要走10公里路程，你便会做好思想准备和其他准备，调动各方面的潜在力量，这样走七八公里，才可能会稍微放松一点。可见，设定一个远大的目标，可以发挥人很大的潜能。

一个人之所以伟大，首先是因为他有伟大的目标。伟大的目标为何能使人伟大呢？

所谓伟大目标，无非是要做大事，考虑更多的人、更多的事，在更大的范围里解决更多的问题。比如做一个社会活动家或政治家，要为人类和平繁荣而奋斗；做一个大律师，要为国家的法制文明而奋斗；做一个企业家、亿万富翁，做一个有作为的省长、市长，等等。

因为你要解决大问题，为很多人服务，你就得有大本事，要有很多知识、技能，有时甚至要超越个人的得失，做出某些重大牺牲。你便逐渐变得伟大。

人生大目标不要求详细、精确

人生大目标是人生大志，可能需要十年、二十年，甚至终生为之奋斗。这样的大目标是很难精确、详细的，尤其是对成功经验不足、阅历不深的人来说，更是如此。随着成功经验的增加、阶段性的中短期目标的实现，人会站得更高，这样对人生大目标的确立会逐渐清晰明确。

所以人生大目标，可以不要求详细、精确，只要有个比较明确的方向和大致程度要求就可以了，比如立志做个卓越的科学家，立志做个大企业家，立志做个改变世界的政治家等。

中短期目标应既有激励价值，又要现实可行

心理学实验证明，太难和太容易的事不具有挑战性，也不会激发人的热情行动。

中短期目标是现实行动的指南，如果低于自己的水平，干些不能发挥自己能力的事情，则不具有激励价值；但如果目标高不可攀，拿不出一个切实可行的计划来，不能在一两年内明显见效，则会挫伤积极性，反而起消极作用。

那么，如何掌握一个合适的程度呢？情况完全因人而异。个人的经验、素质水平和现实环境的许可是决定我们中短期目标的依据。

由于个人条件不同，我们在制定中短期目标时，一

定要根据自己的实际的情况——经验阅历、素质特色、所处的环境条件等，使我们的目标既要高出我们的水平，又要基本可行。

比如经验不足时，先盖小房子，有盖小房子成功的经验，便可超出常规盖大房子，再盖摩天大厦。如果完全没有盖中小房子的经验，却突然要制定盖大房子的目标，这就不现实可行了。当然，长期停留在盖小房子的水平上，就没有激励价值，也就谈不上成就卓越。

中短期目标应尽可能具体明确，并限定时间

中短期目标，或者 3 至 5 年，或者 1 至 2 年。有的短期目标要短到半年、3 个月。这样的中短期目标，如果还不具体明确的话，那就等于没有目标。只有具体、明确并有时限的目标才具有行动指导和激励的价值。你要在特定的时限内完成特定的任务，你就会集中精力，开动脑筋，开发自己和他人的潜力，为实现目标而奋斗。如果没有明确具体目标的时限，任何人都难免精神涣散、松松垮垮，这样就谈不上成功和卓越。

心经点拨

目标愈高远，人的进步愈大。制定长远目标，为自己规划美好未来，并且学会细化目标，分步完成。明确并有时限的目标才具有行动指导和激励的价值。

寻求成功

瓦伦达效应：怕什么来什么

美国心理学家沃斯特曾对 227 名新兵做过这样的实验：在他们刚到新兵训练营时就采访他们，询问他们每个人的职业偏好、当兵之前所从事的职业以及受教育程度，之后为他们做了两份最具吸引力的职业测试，让他们从中任选一项。与此同时，沃斯特还告诉他们，这两份职业是他们目前唯一有条件获得的。

最后，沃斯特将这些新兵分成四个小组，分别在不同的时间间隔让每组人员重新评估自己先前所选的职业，第一组间隔了 1 分钟，第二组间隔了 4 分钟，第三组间隔了 15 分钟，第四组间隔了 90 分钟。

测试结果表明：第一组新兵对职位评估无变化；第二组多数新兵都对自己先前选中的职位的评估趋于下降，而且有些人觉得放弃的职位更适合自己；第三组新兵对自己选中的职位评价大大提升，而对拒绝的职位的评价则大为降低；第四组新兵对自己所选职位的评估有所降低，对拒绝的职位评价又有所上升。

显而易见，在整个实验过程中，新兵们所表现出的想法总是根据时间的变化而变化，可能这就是日常生活中我们每个人都具有的患得患失的心态在作祟。在心理学中，人们把这种过分关注事情本身的结局，内心充满患得患失的心态叫作“瓦伦达心态”。瓦伦达是美国著名的高空走钢索表演者，很不幸的是，他在一次重大的表演中失足身亡。事后，他的妻子这样说道：“我知道这一次一定要出事，因为他上场前总是不停地说，这次表演太重要了，不能失败，绝对不可以失败；而之前每次成功的表演，他总是想着走钢丝这件事本身，而不去想这件事可能带来的一切。”

其实，瓦伦达之所以失败，是因为他太想成功，从而未专注于事情本身，否则凭借他的经验和技术是不可能出现这种结果的。越害怕，失去的东西就会越多，要知道，害怕失败才是最大的失败；反之，如果你全心全意地去关注事情本身，忽视其他相关因素，则更容易成功。

由此可见，如果做事的目的性太强，其结果往往不容易成功，这种现象在生活中随处可见。例如，太想在比赛中进球的脚在颤抖，太想在面试中求胜的心在颤抖……起因只是我们过于重视结果，“功利心”太强，最终导致发挥失常。

现实生活中，人们在做很多事情之前都会遵循“三思而后行”的处世原则，当然，这种处世原则有其益处，但如果我们总是想得太多，做得太少，过于重视事情所带来的结果，或是过于在意别人的闲言碎语，自然很可能会忽略了事情本身。这是因为，如果我们的大脑整天被各种欲望充斥着，那么，我们的精神就会高度紧绷，身体也会被压得直不起腰来，在这样的重荷下，我们又怎能把事情做好呢？

法拉第曾经说过："拼命去换取成功，但不希望一定会成功，结果往往会成功。"其实这也是成功的奥秘所在。所以说，我们做任何事情之前，不要有太强的目的性，不要考虑与此事无关的问题，不要逼迫自己一定要成功，更不能让功利心与衍生的担忧干扰自己的思想和行为。

古人云："淡泊以明志。"但对于身处物欲社会的我们而言，不可能没有进取心，也无法做到对利益毫不关注。然而，如果我们过分地刻意追求某一事物，只会令心中的目标犹如泡沫般转瞬即逝，从而被得失心所操控，事情自然也不会向着好的方向发展。那么，我们该如何避免"瓦伦达心态"呢？

（1）遇事平常心，别给自己太多压力。美国斯坦福大学的一项研究表明，人大脑中的某一图像会像实际情况那样刺激人的神经系统。例如，如果高尔夫球手击球前一味地告诫自己"不要把球打进水里"，那么，他的大脑就会浮现出"球掉进水里"的画面，其结果可想而知，往往是事与愿违。所以，在生活中面临重要的考验时，要学会以平常心来对待，不要给自己太大的压力，以免临场表现失常！

（2）摒除杂念，专注于事物本身。在日常生活中，如果你做事总喜欢瞻前顾后，那么，就应当将思考转移到行动之前，首先对整个工作进行全面考虑和权衡。当这个过程完成并决定去做时，请务必清除一切思想负担和杂念，全心全意地处理事情，不要被复杂的思想所左右。只有摒除杂念，全心全意地努力，成功才会向我们招手。

（3）失败不可怕，走出失败的阴影。不要妄想瞬间就可以成功，因为世上没有这么轻松的事。因此，当你面对失败时，请告诉自己“失败乃是成功之母”“最终我是胜利者”，而绝不能有“我是失败者”的想法。因为积极的心态能激发出无穷的行动力，有行动就不怕不成功。所以，一定要从过去的失败阴影中走出来，专心致志地完成眼前的事，以避免被杂念干扰，这样就一定能成功。

心经点拨

我们做任何事情都不能有太强的目的性和功利心，这些东西会干扰你的思想和目标，让你患得患失，出现偏差，甚至失去原有的方向。

巴菲特定律

在其他人都投了资的地方去投资，你是不会发财的。成功者所从事的工作，是绝大多数人不愿意去做的。要先有超人之想，后有惊人之举，能不落俗套，不同凡响。

巴菲特是一位成功的投资家，但他对心理学的贡献也不小。在巴菲特看来，投资不需要大量的经济知识，“投资并非一个智商为160的人就一定能击败智商为130的人的游戏。”相反，却需要好好学习心理学和哲学。

巴菲特说：“大多数人都是对别人都感兴趣的股票才感兴趣。但没有人对股票感兴趣时，才正是你应该对股票感兴趣的时候。越热门的股票越难赚到钱。只有股市极度低迷，整个经济界普遍悲观时，具有超级投资回报的投资良机才会出现。”

巴菲特这种到竞争对手少的地方寻找机会的做法，心理学上就称为巴菲特定律。

在投资过程中，巴菲特总是在别人不感兴趣的时候进入股市。因为他发现在一个大家都热情洋溢的股市里通常都会因为大家的良好预期而出现高估企业的实际价值的情况，当价格被炒高之后，即使买到了股票也无利可图。反而是等待“股市把股票交给你”，才是投资的上上之策。他发现，在别人不感兴趣的时候，自己在股市里可以静悄悄地以小股东的身份购得平常收购价半价的股票。他认为，既然都是争取到相同的股票利益，为什么还要花双倍甚至更高的价格去收购它呢？

1976年之初，GEICO宣布前一年份的损失额达到了惊人的1亿2600万美元。1976年4月，GEICO举行了年度会议，400个股东把华盛顿的希尔顿饭店挤得水泄不通。就是在这儿，股东们差点把公司的行政人员轰出房子。不到一个月，佩克就被解雇了。一位43岁的旅游公司的老手——伯恩取代了他的位置。

不久，GEICO的财产值跌到了最低点，巴菲特非常敏锐地开始对涉足 GEICO 产生了兴趣。7 月，GEICO 的股票只值 2 美元一股了，而其 1974 年时的股票曾创下每股 42 美元的记录。

没有人对这个公司的股票感兴趣，大家都避之唯恐不及。这个一度不可征服的公司正面临着成为保险业有史以来最惨痛的失败者的危险，用巴菲特的话来说就是“保险业里的泰坦尼克事件”。

巴菲特和伯恩进行了一次谈话，他渴望尽可能了解 GEICO 的情况。据面色红润的伯恩回忆说，巴菲特和他谈了好几个小时。

“我们大概谈到凌晨二三点钟，他想知道我要采取的措施，我对企业生存下去的能力看法如何。我们还谈到了家庭和一些别的东西，但大多数内容都是关于 GEICO 的，我敢说大概有 80% 的谈话都是我在说。”伯恩回忆说。

巴菲特了解到：GEICO 依然保持低成本营运，这方法曾使它很有优势。粗略地说，GEICO 每 1 美元的利润有 15 美分用于费用，而其他承保人大约平均花费 24 美分，因此 CEICO 收费可以低一些，于是在挑选客户时就更具有选择性。最近几年来，GEICO 显然放弃了这个成功的办法，但它潜在的成本优势依旧没有变化。巴菲特相信只要它能平安渡过当前的危机，它的赢利能力就可以得到恢复。

即使当 GEICO 陷入彻底的混乱而且面临破产的威胁时，天才的巴菲特还是清醒地看到了这一点。和 20 世纪 60 年代的美国捷运一样，它是“一个正在度过一段困难时期的伟大的企业”。而且即使是在这样艰难的时期，他也能预见到暴风雨是会过去的。

这天晚上，巴菲特亲自对伯恩评价了一番，伯恩给他的印象很深：他的谈话就像一个业主，而不是经理或官僚；他坚毅果断，精力充沛，而这正是危机时期所需要的。也许他性情多变因而不能平和地率领部下，但作为一个危机时期的将领，巴菲特认为他是绝好的人选。

在伯恩离开几小时以后，巴菲特起床给戈德曼·萨克斯交易所的经纪人罗纳德·古特曼打了个电话，指示以每股 2.18 美元的价格买进 50 万股，并说随时都准备“买它几百万股”。在《邮报》董事会会议上，晕头晕脑的巴菲特泄露出消息：“我刚刚投资了一家兴许会破产的企业。也许下周，所有的投资都会化为泡影。”但是一旦他越界了，他就绝对不会停下。伯克希尔很快便投资了 400 多万美元到 GEICO 的股票上。

伯恩后来说：“那个晚上是一个转折点。”但 GEICO 还远远没有脱离危险。它需要的是，首先，说服管理当局给它足够的时间；第二，说服竞争者提供给它再保险，以此来减小 GEICO 损失的风险。

巴菲特为伯克希尔提供了再保险，同时还给特区的保险业督察马克西米利安·沃勒克打了个电话。事实上，巴菲特认为如果伯克希尔在深思熟虑后对 GEICO 投入数百万美元，那么沃勒克也许就不该这么着急地要把它关闭掉。

短短 6 个月时间里，GEICO 的股票价格就上升到了每股 8.18 美元，达到了原来的四倍，这只是对它潜能的一点点微弱的显示。随后的几年里，伯克希尔把份额翻了一倍，从而使得巴菲特成了具有控制权的投资者。

在中国，有一个被人们津津乐道的群体，那就是浙商。有这样一个现象：哪儿有市场，哪儿就有浙江人；哪儿没有市场，哪儿更有浙江人。没有市场意味着什么？意味着这里还没有被开拓，没有竞争或竞争不激烈，还有很大的市场潜力。事实上，浙商最擅长寻找市场的真空点、薄弱点，往往是别人不愿涉足的地方，浙江人去了。无论是偏远的边陲小镇，还是不太安宁的中东，都有浙江人的身影。要想赚别人赚不到的钱，必须要能做别人做不到或不敢做的事，这是浙商做生意的法则。浙江人很早走出家门来到全国各地，在别人还没有市场意识的时候，他们就已经在各地的市场上全力打拼了。而当其他人开始参与市场时，他们早已积累了一定的资本和充足的市场经验。他们努力抓住每一个发展机遇，往往能从“没有市场”处扒出市场，从鲜为人知的经济夹缝中杀出一条生路。

心经点拨

能够不落俗套，想人之所不能想，在别人想不到的地方找到机会，这就是非常难得的成功心经。

莫让成功良机擦身而过

即使是碰上好运气，让你遇到了意外情况，可是由于司空见惯，或者思想没有准备，头脑不敏感，或者粗心大意，或者虽然注意到特殊现象，但不打算进行进一步研究，等等，都会使机遇丧失，错过发现、发明的机会。在弗莱明以前，就有其他科学家见过青霉素菌能抑制住葡萄球菌的现象；在伦琴以前，已经有物理学家注意到 X 射线的存在；琴纳家乡的不少人都知道感染过牛痘的人能免生天花，特别是那些挤奶工，但是，由于他们不以为然而坐失了良机。

一百多年前，有位叫莱维·施特劳斯的德国犹太人到美国旧金山去经商。除了别的商品，他还带了些帆布以供淘金者做帐篷使用。但他还没有来得及下船，除了帆布，其他货物都已一售而空。一针一线都需从外面进口的旧金山人需求之旺给莱维留下了深刻印象。下船后，莱维带着帆布开始了他的“淘金”历程。他很快和一位挖金的矿工迎面而遇，此人抱怨说，他们需要的并不是帐篷而是挖金时经磨耐穿的裤子。头脑灵活的莱维一点儿也不含糊，随即和那位矿工一起到裁缝店，用随身带的帆布给他做了一条裤子，这就是世界上第一条工装裤，同时也是今日十分时髦的牛仔裤的鼻祖。那位矿工回去之后，消息不胫而走，大量订货迅即而来。

矿工需要的是耐磨的裤子，而莱维手头只有做帐篷的帆布。如果莱维的头脑不灵活，他就只会后悔自己带错了商品，而失去这次绝好的赚钱机会。这正表明了犹太人经商方面的精明果然名不虚传。

国外的一些企业，在开展公共关系活动时，热衷于制造具有新闻价值的事件，以引起媒介的关注。企业善于借这类事件的影响，借新闻记者的口和笔名扬四方，扩大产品销量。美国联合碳化钙公司的产品一度滞销，公司为此十分担忧。正在这时，一群鸽子飞进了公司总部大楼的一间空房子里。公司有关人员顿生灵感，下令关闭门窗，不让一羽飞去。随后，他立即打电话通知"动物保护委员会"派人前来救援，并电告各新闻机构。果然新闻界被惊动了。电视台、电台、报社纷纷派记者进行现场采访。从小心翼翼地捕捉第一只鸽子起，到最后一只鸽子受到保护为止，前后共花了3天时间。3天里，新闻媒介做了一系列绘声绘色的报道。其结果，该公司不但提高了知名度和美誉度，它所经营的碳化钙也转而畅销起来。

试想，如果该公司的有关人员头脑不灵活的话，怎么能利用这飞来的大好机会，只能看着鸽子和机遇悄悄地飞来，又默默地飞走。如何抓住机遇，并没有固定的模式和准则可循，但过人的洞察力和预见能力无疑是非常重要的。

平时要留心周围的小事，有敏锐的洞察力。牛顿不放过苹果落地、伽利略不忽视吊灯摆动、瓦特研究水烧开后的壶盖跳动这些似乎司空见惯的现象，他们因此而有所发明或发现，就是这方面的典型事例。在日常生活中，常常会发生各种各样的事，有些事使人感到惊奇，引起多数人的注意；有些事则平淡无奇，许多人漠然视之，但这并不排除它们可能包含重要的意义。

一个有敏锐观察力的人，就要能够从日常生活中发现不奇之奇。19世纪的英国物理学家瑞利正是从日常生活中观察到，端茶时茶杯会在碟子里滑动和倾斜，有时茶杯里的水也会洒出一些，但当茶水稍洒出一点儿弄湿了茶碟时，会突然变得不易在碟上滑动了。他对此做了进一步研究，做了许多相类似的实验，结果求得一种计算摩擦的方法——倾斜法，他因此获得了意外惊喜。

富尔顿10岁时，和几个小朋友一起去划船钓鱼。富尔顿坐在船舷上，他的两只脚不经意地在水里来回踢着。不知什么时候，船缆松了扣，小船漂走了。富尔顿没有忽视这种生活中的小事，他发现自己的两只脚起了船桨的作用。富尔顿长大以后，经过刻苦的学习和研究，终于制造出世界上第一艘真正的轮船。

心经点拨

成功的机会转瞬即逝，要留心周围的小事，注意培养自己敏锐的洞察力，把握机遇，赢得人生。

创新等同于创造财富

美国著名管理大师杰弗里说：“创新是做大公司的唯

一之路。”没有创新，公司管理者肯定会毫无作战能力，公司也根本不可能有继续做大的可能。创新即突破常规，创造机遇，找到新方法。

创新意识犹如一层窗户纸，不捅破不明白，而捅破这层窗户纸是十分容易的。

我们将要面对的未来世界，不是一个故步自封的世界，而是一个充满竞争的世界，而这种竞争，主要是创造力和创造性的竞争。而且，真正创造性活动的指向，基本出发点不应当是妨碍别人干什么，而应当促进人类社会活动（也包括自己所创事业）的进展。“布里丹的驴子”的故事很能说明这个问题。

有一头驴子，它肚子很饿，而在它面前等距离的两个不同方向有两堆同样大小、同样种类的料草。驴子犯了愁，因为两堆料草和它之间的距离相等，料草又是同样的数量和质量，所以它无所适从，不知应该到哪堆料草去才最省力气，于是在犹豫愁苦中饿死在原地了。

这个故事无所谓真实，但它的寓意是深刻的，除了故事创造者们批驳布里丹环境决定意识的观点外，它还启示人们：许多时候，只要有创造意识，就会焕发创造行动，就会有活力；而呆板凝滞足以扼杀人的任何创造性。

奥列佛·温特·怀斯曾说：“人的智慧如果滋生为一个新点子时，它就永远超越了它原来的样子，不会恢复本来面目。”

创造力本身不是奇迹，人人都具备它，但它产生的成果却应该被冠以奇迹的美称。至于创造力的含义，我们可以这样来理解它：

（1）创造力。就是创新的能力。这一点需要强调的是，只要对你来讲是新点子就行了，因为别人在你之前完全可能已经有过你的想法了。

（2）有创造力的想法。这是与生俱来的天赋。只不过有很多人需要通过学习、训练、指导、开发和应用而已。总的来说，这是解决日常生活问题的一项优秀技能。

（3）有创造力的人。他们的特点是能够克服各种对创造力的妨碍，特别是自己无意中对自己的束缚，并充分地应用创造力改造生活和各种层面。

须牢记一条真理：我们每个人都可以培养创造力，同时在应用中增强这种可爱的能力。

也许有人认为，高智商就意味着高超的创造力。但这是一种错觉，至少不完全对。

已故的肖尔米克斯博士是世界经济理论界的泰斗，在他获得经济学界某个最高级别的大奖后，回到故乡，并拜访了当年就读的中学。他很惊讶自己当时的成绩如此一般，再看智商时，智商分数不过 90，也普通得无奇可言。他愉快地解释："创造了不起的经济理论其实不算奇迹，只有战胜自己的智商才真正了不起。"

这解释了智商不等于创造力的道理，并为众多苦于智商不高的人们提高创造力提供了增强信心的依据。

令人惊奇的是，几乎所有时代的心理学家们都发现成人欠缺创造力，这个现象令很多成人担心和焦虑，认定创造力可能是某种天赋，并非人普遍具有的能力。这一点，从研究资料中可显示出来，心理学家们针对 45 岁的年龄层进行创造力测验，结果只有5%的人被认定为有创造力。接着心理学家们又对20至45岁之间的成人进行创造力测验，结果竟然也只有5%的人合格。这个结果令心理学家们万分沮丧，几乎要判定创造力是特殊人物才具有的能力。

但是，接下来的测验却令人惊喜，因为在17岁年龄段的测验结果达到了10%以上，更惊讶的是，5岁儿童中，具有创造力的人竟然高达90%。这表明，人们的创造力是生来就有的，只是随着年岁的增长遭到了抑制而已。有理由认为，就是在抑制状态下，人的创造力也并没有彻底丧失，而是处于隐蔽状态，未曾发挥而已。

人的创造力是没有极限的，唯一的限制来自你所接受的知识系统、道德系统和价值系统。这些系统常常妨碍人们的创造力。由于这些系统的纷繁复杂，很多人在其中受到空前的束缚，甚至认为自己没有创意。殊不知，任何一种系统都是人创造的，所以，你有权利持怀疑态度。

心经点拨

通常情况下，人很容易被自己眼前的事物所蒙蔽，不敢正视自己，不敢突破现状，事实上，很多现有的事物阻碍了你的创造力。

舍得心理学

顾全大局，敢舍小利

我们赞扬愚公移山的精神，赞扬人们遇到困难不退缩的执着意志，但是，在很多时候却需要后退一步。不要固执己见，要放眼全局与大局，能够吃得眼前亏。

一般人往往只会想着如何向目标努力奋斗，只想着如何全力以赴向前冲，可是现实并不总是尽如人意，如果遇到了障碍怎么办？如果遇到了麻烦怎么办？如果你自己累了没力气再向前冲怎么办？很简单，大家都以为只有向前走才是前进，却没有想过，向后退也是在为前进蓄势，是为了更好地前进的一种策略。

举个例子来说，跳高和跳远运动员总是先退后一定距离，然后借冲刺的力量跳得更高、跳得更远。人际关系也是如此，暂时退后一步，不与别人针尖对麦芒，暂时忍让吃亏，就仿佛是为了跳高和跳远而蓄势一样，将会获得长远的利益和胜利。以退让开始，以胜利结束，是在做人做事中不可或缺的一种方式。你先表现得以他人利益为重，实际上是在为自己的利益开辟道路。在做有风险的事情时，冷静沉着地让一步，往往能取得绝佳的成果。

自古以来，凡是能成就大事的人，往往都不会在小节上纠缠，更不会只凭着感情用事。在争取成功和胜利的道路上，有时退正是为了进，守正是最好的攻。

有一年，在比利时某画廊发生了这样一件事：

美国画商看中了印度人带来的三幅画，标价为250美元，画商不愿出此价钱，于是唇枪舌剑，谁也不肯放松，谈判进入了僵局。那位印度人恼火了，怒气冲冲地当着美国人的面把其中一幅画烧了。美国人看到这么好的画烧了，感到十分可惜。他问印度人剩下的两幅画愿卖多少钱，回答还是250美元。美国画商见他毫不松口，又拒绝了这个价格，这位印度人把心一横，又烧掉了其中一幅画。美国画商只好乞求他千万别再烧这最后一幅。当他再次询问这位印度人愿卖多少钱时，卖者说道："最后一幅画能与三幅画是一样的价钱吗？"结果，这位印度人手中的最后一幅画竟以600美元的价格拍板成交。

当时，其他画的价格都在100至150美元之间，而印度人这幅画却能卖价如此之高，原因何在？首先，他烧掉两幅画以吸引那位美国人，便是采用了"以退为进"的战略。因为他"有恃无恐"，他知道自己出售的三幅画都是出自名家之手，烧掉了两幅，剩下了最后一幅画，正是"物以稀为贵"。这位印度人还了解到这个美国人有个习惯，喜欢收藏古董名画，只要他爱上这幅画，是不肯轻易放弃的，宁肯出高价也要收买珍藏。聪明的印度人施展这招果然很灵，一笔成功的生意唾手而得。

可见，在与人打交道的过程中，为了达到目的，不妨让自己的头脑灵活一些，以退为进，欲擒故纵，反而能达到出人意料的结果。但是，想要成功采用“以退为进”的策略，必须要把握好分寸，留有后路。“知己知彼，百战不殆”，如果心中没有把握就贸然欲擒故纵，其结果反而可能是“赔了夫人又折兵”。比如说，如果那位印度人不了解美国人喜爱古董的习惯，不能肯定他一定会买下那最后一幅画就去烧掉前两幅，如果最后美国人没有买那幅画，印度人可就真“鸡飞蛋打”了。

退让有时候只是表面上做出让步，实际上却暗中又进了一步。这种以假掩真、虚实不定的策略，往往令对手难以捉摸、防不胜防。无论是退让以求保存力量也好，还是以退为进、实际更进一步也罢，聪明人不会以退让为耻辱，而是以退让为策略。进退自如，才能充分施展自己的才智，又能保护自己不被外在的力量摧毁。暂时退让一小步，换来后面的大胜利，实在是高明之举。

心经点拨

学会以退为进的策略，对自己的心理底线绝不退让，准确揣摩对方心理，就算是要吃眼前亏，也要吃小亏，为后来的“大便宜”做准备。

舍弃是难学的智慧

心理学家做过一个试验：一只蝴蝶从敞开的窗户飞进来，在房间里一圈一圈地飞舞，有些惊惶不安。显然，它迷路了，左冲右突努力了好多次，都没有飞出房间。这只蝴蝶之所以无法从原路飞出去，是因为它总是在房间顶部的空间寻找出路，不肯往低处飞，那低一点的位置就是敞开的窗户，甚至好几次，它都飞到高于窗户顶部至多两三寸的位置了，可是就不肯再飞低一点。最终，这只不肯低飞一点的蝴蝶耗尽了气力，奄奄一息地落在桌子上，就像一片毫无生气的叶子。俗话有云：坚持到底就是胜利。但是我们的坚持迟迟等不到结果的时候，又有谁想过舍弃？其实，细想一下，适时地舍弃不也是人生的一种大智慧吗？

音乐家谭盾初到美国时，只能靠在街头卖艺生存，那时有一个最赚钱的地盘——一家银行的门口，和谭盾一起拉琴的还有一个黑人琴手，他们配合得很好。后来谭盾用卖艺的钱进入大学进修。十年后，谭盾已是一位在国际上知名的音乐家了。一次，他发现那位黑人琴手还在那家银行门前拉琴，就过去问候。那位黑人琴手开口便说："嘿！伙计！你现在在哪个最赚钱的地盘拉琴？"故事告诉人们：人必须懂得及时抽身，离开那些看似最赚钱却不能再进步的地方；人必须鼓起勇气，不断学习，才能开创出生命的另一高峰。

一个早上，有一位妈妈正在厨房清洗早餐的碗碟。她有一个四岁的孩子，正自得其乐地在沙发上玩耍。

不久之后，妈妈听到孩子的哭啼声。究竟发生了什么事呢？妈妈还没有将手抹干，就冲到客厅看看孩子去了哪里。

原来，孩子仍坐在沙发上，但是，他的手却插进了放在茶几上的花樽里。花樽是上窄下阔的一款，所以，他的手伸了进去，掏不出来了。妈妈用了不同的方法想把孩子卡着的手拿出来，但都不得要领。

妈妈开始焦急，她稍微用力一点，小孩子就痛得叫苦连天。在无计可施的情况下，妈妈想了一个下策，就是把花樽打碎。可是她稍有犹豫，因为这个花樽不是普通的花樽，而是一件价值连城的古董。不过，为了儿子的手能够拔出，这是唯一的办法。结果，她忍痛将花樽打破了。

虽然损失不菲，但儿子平平安安，妈妈也就不太计较了。她叫儿子将手伸给她看看有没有损伤。虽然孩子没有任何皮外伤，但他的拳头仍是紧握住似的无法张开。是不是抽筋呢？妈妈又惊慌失措了。

原来，小孩子的手不是抽筋。他的拳头张不开，是因为他紧攥着一枚 10 元的硬币。他是为了这枚硬币，才令手卡在花樽的口内。

一队名为“挑战极限”的登山队，准备从最难攀的一面攀登一座雪山。该队聘请了一位老牌的登山运动员做向导。经过近一年的筹措后，决定攀登。当他们还有几个小时就攀到顶峰时，老向导突然说要舍弃这次攀登活动。他的理由是天气突变，有可能会发生雪崩。但队长是个血气方刚的年轻小伙子，眼看就到顶峰了，死活都不同意舍弃。因为一年当中适合攀登此山的天气状况只有这几天，一旦舍弃就意味着这一年来的精心筹备要付诸东流。老向导深知此事，但坚持要舍弃，他不想让队伍去冒险。不过队长听不进去。于是，老向导无奈独自一人下山，队长带其他人继续登山。结果，除了及时舍弃的老向导，其他人全部遇难。第二年，老向导独自一人成功地攀上了顶峰，望天长叹。

人生在世，有许多东西是需要不断舍弃的。而人生原本就是一个不断舍弃的过程，舍弃就是接受变化，舍弃就是适应新的事物。然而，在现实生活中，我们更多的人却一味地坚持自己的选择，甚至想当然地认为自己的做法无比正确，于是置家人的阻拦于不顾，把朋友的劝告都当成耳边风，并自豪地把这种坚持称作“执着”。要知道，坚持虽然是一种良好的品质，但有时却容易造成不可挽回的局面。在没有任何科学依据和胜算的情况下，屡屡试验是愚蠢的、毫无益处的。

成功者的秘诀是既具有执着的精神，又能随时检查自己的选择是否有所偏差。能及时舍弃无谓的固执，懂得适时地变通。也就是说，穷则变，变则通，通则胜。

电视上有一个娱乐节目，内容就是数钞票比赛。在这个节目之外，还有另外几个娱乐节目，每个节目都有若干名观众参加，获胜者最后得1000元奖金。而这个“数钞”节目的游戏规则不同。主持人拿出一大沓钞票，这一大沓钞票里面有大小不一的各类币种，按不同顺序杂乱重叠着，在规定的三分钟内，让现场选拔的四名观众进行点钞比赛。这四名参赛的观众中，谁数得最多，数目又最准确，那么，他就可以获得自己刚刚数得的现金。

主持人将游戏规则一宣布，顿时引起全场轰动。在三分钟内，不说数几万，应该也数出几千来吧。而在短短的几分钟内，就能获得几千块钱的奖励，能不叫人感到刺激和兴奋吗？

游戏开始了，四个人开始埋头"沙沙沙"地数起了钞票。当然，在这三分钟内，主持人是不会让他们安心点钞的，他还会拿起话筒，轮流给参赛者出脑筋急转弯的题目，来打断他们的正常思路，并且，必须答对题目才能接着往下数。几轮下来，时间就到了，四位参赛观众手里各拿了厚薄不一的一沓钞票。主持人拿出一支笔，让他们写出刚才所数钞票的金额。

第一位，3472 元。第二位，5836 元。第三位，也数出了 4889 元的好成绩。而第四位，只数出区区 500 元。四个观众所数钞票的数目，相距甚远。当主持人报出这四组数字的时候，台下顿时一片哄笑，他们都不理解，第四位观众为什么会数得那么少呢？

这时，主持人开始当场验证刚才所数钞票数目的准确性。在众目睽睽之下，主持人把四名参赛观众所数的钞票重数了一遍，正确的结果分别是：3372 元、5831 元、4879 元、500 元。也就是说，前三名数得多的参赛观众，不是多计了 100 元，就是少计了 5 元或者 10 元，距离正确数目都只是一“票”之差。只有数得最少的第四位才完全正确。按游戏规则，也只有第四位观众才能获得 500 元奖金，而其他的三位参赛观众都只是紧张地做了三分钟的无用功。

看到这样出乎意料的结果，台下的观众先是沉默，继而爆发出热烈的掌声。这时，主持人拿出话筒，很严肃地告诉大家一个秘密：自从这个节目开办以来，在这项角逐中，所有参赛者所得的最高奖金，从来没能超过 1000 元。全场观众若有所悟。主持人最后说：“有时，聪明地舍弃其实就是经营人生的一种策略，也是人生的一种大智慧。不过，它需要更大的勇气和睿智啊。”

心经点拨

舍得是难学的智慧，适时地舍弃可以帮你获得更多。

得与失是辩证统一的

美国第九届总统威廉·哈里逊小时候家境贫寒，他沉默寡言，人们甚至以为他是个傻孩子。家乡的人常常拿他来开玩笑，比如拿一枚五分的硬币和一枚一角的硬币放在他面前，然后对他说只能拿其中的一枚。每次，哈里逊都会拿那枚五分的，而不去拿一角的。有一次，一位妇女见到他这么可怜，就问他：“孩子，你真的不知道哪个更值钱吗？”哈里逊回答说：“当然知道。可如果我拿一角的硬币，他们以后就不会再把硬币摆在我面前了，那么，我就连五分钱也拿不到了。”

当你放弃了一角钱，只拿五分钱时，你得到的可能是以后许多个“五分钱”。“傻”孩子的智谋绝对不是小聪明的表现，里面蕴含着大智慧。

人生就是这样有得又有失，有时放弃是为了大踏步地前进，是为了更多地拥有。放弃是真正的勇气，也是真正的智慧。

古人云：“有得总有失。”生活中你不可能样样都得到，要学会权衡轻重。为了办好一件事情，总得放弃另一些事情，当然这里要掌握“孰轻孰重”。

在动物界里，就有许多动物在它们生命受到威胁时，会自觉或不自觉地“避轻就重”，选择舍弃身体的一部分从而保全性命。

海参是一种软体动物，没有强有力的自卫武器，更没有快速游泳的本领，所以只能依靠身体腹面的管足与肌肉的收缩缓慢行动，很难抵御敌害的进攻。不过海参却有护身妙法，当遇到敌害进攻难以脱身时，它便会施展“分身术”，通过身体的急剧收缩，将内脏器官迅速从肛门抛向敌害，转移对方的注意力，自己则趁机逃走。有许多海参还能从肛门排出毒素回敬挑衅者，敌害往往因此受到伤害，无奈离去。失去内脏的海参经过几个星期的休养生息，体内就能重新长出内脏。如果把海参切成两段放回海中，经过几个月，头尾两部分就能分别长成一只新的海参。

海星也具有这种高超的“分身术”，它不但会断腕逃生，甚至将其切碎都能继续存活。海星和海参有了这种

“丢车保帅”的高超本领，就能逃避敌害，护卫自己的生命。

继续生存下去是动物们的最大目标，为了这一目标放弃一切，都是值得的。

象棋中的“车”在整个棋盘中横冲直撞，杀伤力极其强大。但是一旦面临输棋的危险，为了保住“帅”，还是要把这个“车”干脆地抛弃再谋后事。

对于放弃，人们有不同的看法。有人说，放弃意味着失败；有人说，放弃了我们不妨从头再来；有人说，不可以轻言放弃；有人说，今天的放弃是为了明天的拥有；有人说，放弃了，我从此一无所有。放弃自然让人有几分不舍，自然要伴随些许疼痛，但那又怎样呢？在成功者的眼里，一切永远都是开始，放弃甚至比拥有更重要。

人在一生当中会失去很多东西，不要认为那是老天在惩罚我们。那是老天在给我们机会，给我们重新寻找更大的幸福的机会。“塞翁失马，焉知非福。”老天是公平的，它在让我们失去的同时也会让我们得到。

有这样一个故事：

在一个非常著名的寺院里，住着一位非常有道行的静修道长。他每天都要在傍晚六点去喂他的狗。他的狗的名字非常奇怪，叫作“放下”。每到落日时分，静修道长就为“放下”送饭了，嘴里还一边呼唤着：“放下！放下！”

小弟子觉得很奇怪，就问道长：“为什么要给狗起这么个奇怪的名字，人家的狗叫阿黄、来福什么的，您的狗却叫‘放下’？”

静修道长不语，让他自己去悟。小弟子就观察老道长，终于发现：每天当道长喂完狗后，就不再读经学道了，而是自己到院中做打打太极拳、看看日落之类的事情，总之是闲暇地享受生活。

小弟子来到老道长面前，诉说了他观察到的结果。老道长微笑着点点头说：“你终于明白了。其实我在叫狗的时候，也是叫自己‘放下’，让自己放下许多事情。因为人不可能在一天内做完所有的事情，你只要将一天中最重要的事情做完了，就已经很好了。”

这则故事启示我们，人应该做工作的主人，要懂得驾驭自己的工作，该工作的时候就应该集中精力工作，该休息的时候就应该果断地放下工作，这样才不会沦为工作的奴隶；否则终日忙忙碌碌，收获的却是焦虑与疲惫。

然而，有很多人却只知道埋头工作，不知道休息，不但在公司里争分夺秒，还把工作带回家，忙到深夜；更有甚者，连双休日和假期都不肯休息，每天想的只有工作！如果你细心观察就会发现，这些终日风风火火、忙忙碌碌的人，几乎透支了自己的身体，成效却不明显，与那些一张一弛工作的人比起来，还不如对方容易出成绩。他们为此陷入了一个怪圈：越忙越不出成绩，越不出成绩越忙，整天昏昏沉沉，疲于奔波，却不知问题出在哪里。

心理学家曾对此做过研究，发现成功动机热切的白领上班族可以说是社会上最忙碌的一群人，但也是休闲生活最贫乏的一群人。对他们来说，凡是追求成就感，实现人生梦想等，几乎都是通过工作来完成，休闲只不过是跑龙套的角色罢了，唯有工作才是值得投入全部心力的重头戏。

林强就是一个典型的工作狂，他的大脑里几乎没有休闲的概念，天天忙碌于工作之中。几年下来，原来的快乐青年快变成一个忧郁的小老头儿了。国庆节长假的时候，他的好朋友于刚生拉硬拽地把他从家里拉出来，一起出去游玩，他却不忘提着笔记本电脑。于刚是他大学时的同学，现在是一家公司的部门主管，好奇地问他提着笔记本电脑干什么，他说有个企划还没有做完，气得于刚夺下他的笔记本电脑，将他架到车里去。

即使如此，在游玩的过程中，林强也是一副心不在焉的样子，经常怔怔地考虑工作的事。于刚就给他讲了一段关于林语堂谈工作与生活的话。

林语堂是这样说的："地球上只有人在拼命工作，其他的动物都是在生活。动物只有在肚子饿了才外出找食物，吃饱就休息，人吃饱了之后又埋头工作。动物囤积东西是为了过冬，人囤积东西则是为了自己的贪婪，这是违反自然的现象。"

林强听完后笑着说："可我总觉得没有时间休闲啊。"

于刚说："每周的双休日，还有一些法定的假期，时间很多。"

"可我的那些工作……"

"我的工作比你少吗？"

林强不由得愣住了。是啊，于刚现在是部门主管，自己还是一个普通职员，他怎么就能从工作中脱离出来，经常参加休闲活动呢？

于刚意味深长地说："你之所以变成一个工作狂，是因为你把休闲看得无关紧要，甚至会影响工作。但是你错了！"

诚然，很多人认为休闲不会给工作带来什么益处，所以才宁可花时间坐在那里自怨自艾，也不愿站起来实际行动，甚至把本该用来休息的时间也用来工作。这使得他们终日陷入忙碌之中，精力不济，很难取得成效。实际上，适当的休闲会让一个人彻底放松，恢复精力，并且保持轻松快乐的心情。

离开囚笼一样的办公室，投身到新鲜的环境中去，接触到不同的人，观赏到奇异的物，经历各种有趣的事，使你在工作时紧绷的神经得到彻底放松，疲倦的身体得到良好恢复，那些困扰你的不愉快的情绪会随着那轻柔的风、潺潺的流水和开怀的大笑而远去。

当你再回到办公室里时，你会显得轻松愉快，精力充沛，即使多么复杂棘手的工作摆在你面前，你也会从容面对，游刃有余地去处理。

当然，休闲也不应该失当和过度。

一是要把握好休闲的时机。休闲往往有一个前提，那就是连续的工作使你劳累了，甚至对工作感到厌烦了，急于从工作中脱离出来，需要彻底放松自己，调整心态。不可无节制地休闲。

二是要选择适宜的休闲活动。运动量一定要能够让身体承受得住，不要把自己搞得疲惫不堪，好事变成坏事。

懂得休闲，学会放下，你才会真正成为生活的主人。

心经点拨

得到之后也就意味着要舍弃其他的选择，而舍弃之时也就说明你将自己的选择范围进一步扩大，人生天地顿时会变得更加宽广。